华章IT
HZBOOKS | Information Technology

数据科学与工程技术丛书

R数据科学实战

工具详解与案例分析

刘健　邬书豪◎著

机械工业出版社
China Machine Press

图书在版编目（CIP）数据

R 数据科学实战：工具详解与案例分析 / 刘健，邬书豪著．—北京：机械工业出版社，2019.6
（数据科学与工程技术丛书）

ISBN 978-7-111-62994-8

I. R… II. ①刘… ②邬… III. 程序语言－程序设计 IV. TP312

中国版本图书馆 CIP 数据核字（2019）第 122646 号

R 数据科学实战：工具详解与案例分析

出版发行：机械工业出版社（北京市西城区百万庄大街 22 号 邮政编码：100037）
责任编辑：张锡鹏　　责任校对：张惠兰
印　　刷：北京文昌阁彩色印刷有限责任公司　　版　　次：2019 年 7 月第 1 版第 1 次印刷
开　　本：186mm×240mm 1/16　　印　　张：15.75
书　　号：ISBN 978-7-111-62994-8　　定　　价：69.00 元

凡购本书，如有缺页、倒页、脱页，由本社发行部调换
客服热线：（010）88379426 88361066　　投稿热线：（010）88379604
购书热线：（010）68326294　　读者信箱：hzit@hzbook.com

推荐语

本书不是晦涩难懂的学术教材，而是具备极高实践价值的 R 语言工具书，每章都针对 R 语言的核心应用问题进行讲解，对于任何想深度理解 R 语言及实践应用的爱好者来说，都是一本很好的参考学习书籍，值得推荐。

——黄小伟　有赞数据分析团队负责人

（R 语言中文社区创始人、表哥有话讲公众号创始人）

本书是一本少见的深入浅出讲解 R 语言数据科学的著作。R 语言作为基础的数据分析工具，对于数据分析师和数据挖掘工程师来说十分必要，相信任何一个有志于从事数据科学行业的读者，都能从本书中获益。

——张俊红《对比 Excel，轻松学习 Python 数据分析》作者

数据科学的门槛可以很高，也可以很低，数据分析工具的熟练使用非常重要！本书通俗易懂地讲解了 R 语言当中常用的数据处理工具包的使用和 R 的核心应用，是 R 语言爱好者学习数据分析很好的入门教材。

——梁勇　天善智能 CEO、Python 爱好者社区公众号号主

本书前半部分详细有序地讲解了数据分析各个步骤所需工具包的使用方法，后半部分结合多个案例对前文所述工具包进行综合运用，同时切合案例实际情况对问题进行了逐步剖析和拆解，内容详尽，案例丰富，推荐给大家！

——崔庆才《Python3 网络爬虫开发实战》作者、微软小冰工程师

前　言

为什么要写这本书

开始学习和使用 R 语言，初学者最开始往往会有各种困惑和纠结，可能会走过许多的弯路。和众多初学者一样，我们也深感 R 语言的学习道路荆棘密布。写这本书的初衷就是希望将我们的经历分享给大家，让学习 R 语言的道路变得平坦一些，降低初学者使用 R 语言的难度。

在我们学习交流 R 语言的过程中，发现最大的挑战是学习资料过剩却不精。另外，国内的技术社区关于 R 语言的问答内容相对较少。开源的 R 语言从来不缺免费的学习资料，这当然是好事一件。但凡事总有两面性，因为每个人学习 R 语言的目的和应用场景都略有不同，很多学习资料初看像是在介绍 R 语言不同方向的问题或者介绍一些新奇的 R 包和函数，但是我们发现初学者经常容易花费大量的时间重复阅读相同的概念性问题。比如说使用 R 语言进行数据清理，不同的数据来源和分析任务可能会让数据清理有上百种可行的方案。在耗费了很多时间尝试这些不同的方法却不得要领时，随之而来的挫败感往往让人心生怯意。所以，我们写下此书，系统性地讲解 R 语言最流行实用的不同数据运用主题的操作框架，核心是希望让读者能够快速上手并实际运用 R 语言。

R 语言只是万千工具中的一种，熟练掌握工具的各种特性固然重要，但是更重要的是明确任务目标和处理问题的先后顺序。换句话说，使用 R 语言进行数据分析的首要任务是明确自己的目标，然后围绕该目标建立合理的流程图，其次才是寻找最合适的工具来帮助我们完成每一个具体的任务。所以，最后我们发现万变不离其宗的是清晰的数据分析逻辑。只有当有了自己的数据分析路线图之后，才不会被每天涌现的新的学习资料所淹没，反而是能高效地搜索和应用这些新内容。这也是本书希望传递给读者的信息，R 语言则是传递信息的一种媒介。就如同在军事战争中，你有了高级武器，并不一定可以确保你能打败敌人，只有对这些武器有了系统性的认识后，才代表你真正拥有了这些武器。本书就是 R 语言这件武器的速成手册，希望读者在系统性地认识 R 语言在数据科学领域中的效力后，降低其在生产环境中的实际运用难度。

读者对象

- ❑ 使用 R 语言进行数据处理的 R 语言初学者
- ❑ 使用 R 语言进行大数据处理的 R 语言爱好者
- ❑ 数据分析师、数据挖掘工程师
- ❑ 转型的数据科学人员
- ❑ 大中专院校学生

本书特色

本书按照数据分析的一般流程，介绍和讨论了在各个流程中所需的常见的 R 函数，并对其中相对重要的函数做了较为详尽的参数解释和代码演示。相较于大部分 R 语言学习资料中粗略概况性地告知读者不同场景可能用到的 R 函数，本书更侧重于帮助读者建立自己的数据分析逻辑结构以及由一系列常见 R 函数组成的“工具箱”。特别是 tidyverse 系列工具箱和 data.table 包，目前的中文博客社区里很少有资料对这两者进行较为完整和系统的介绍。对于 R 语言初学者来说，tidyverse 系列是学习使用 R 的最佳起点，而 data.table 包则对中高级用户大有助益。另外，本书对重要的“工具”函数，例如循环和迭代，做了较为详尽的解释和代码演示，来帮助读者理解其运行机制。最后，书中提供了 5 个实战案例，结合书中介绍的各种“工具”，强化使用 R 语言进行数据分析的路线图。

如何阅读本书

本书共 11 章，前 6 章（工具包篇）主要介绍和讨论使用 R 语言的一般流程以及常用的 R 包；后 5 章（案例篇）包含了 5 个实战案例，通过与前 6 章的内容相结合，展示如何使用这些 R 包。复现书中的代码需要读者对 .Rproj 有一定的了解，建议读者参阅相关网络教程学会使用 .Rproj。使用 .Rproj 的原因在于其可以将每一次数据分析或练习都视为一个独立的项目（不必调用 setwd 函数重置工作路径），这样做不但可以减少代码出错的几率，而且还能更利于进行数据管理。

对于零基础的 R 语言初学者，建议按照章节顺序进行阅读，尤其是第 1～3 章，介绍了数据分析中相对重要的数据准备阶段。对于有一定基础的 R 语言用户，可以直接阅读自己感兴趣的部分。各章节的简要介绍如下所示。

第 1 章为数据读取，对比介绍不同格式数据读取所需的 R 包，着重介绍平面文档和 Excel 格式文件的读取。

第 2 章为数据清洗，主要介绍 tibble（版本号：1.4.2）和 tidyr（版本号：0.8.0）中常用的函数及其参数设置。

第 3 章为数据计算，主要介绍 dplyr（版本号：0.7.4）中常用的函数及使用技巧。

第 4 章为 R 中的迭代循环，主要介绍基础 for 和 while 循环及 apply 家族函数的运行机制。

第 5 章主要介绍 purrr 包（版本号：0.2.4）的关键函数和运行机制。

第 6 章着重讲解 data.table 包（版本号：1.11.4）的使用技巧。

第 7～11 章为 5 个实战案例，在 ggplot2（版本号：2.2.1）包的配合下，结合前 6 章中的常用函数完整地呈现了一般的数据分析流程和简单的探索性数据分析。5 个案例具体如下：

- 数据科学从业者调查数据集清洗及探索性分析。
- 共享单车数据集初级分析。
- 星巴克店面数量数据集初级分析。
- 学生成绩数据集初级分析。
- YouTube 视频观看数据集处理及初级分析。

本书中的代码内容是在 Rstudio 内完成的，环境参数如下：

```
R version 3.5.0 (2018-04-23)
Platform: x86_64-w64-mingw32/x64 (64-bit)
Running under: Windows >= 8 x64 (build 9200)

Matrix products: default

locale:
[1] LC_COLLATE=Chinese (Simplified)_China.936   LC_CTYPE=Chinese (Simplified)_
      China.936
    LC_MONETARY=Chinese (Simplified)_China.936
[4] LC_NUMERIC=C                                  LC_TIME=Chinese (Simplified)_
      China.936
    attached base packages:
[1] stats     graphics  grDevices utils     datasets  methods   base
```

勘误和支持

由于作者的水平有限，写作时间仓促，书中难免会出现一些错误或者不准确的地方，恳请读者批评指正。为此，特意创建一个在线支持的 GitHub 站点：https://github.com/frank0434/Data-Science-in-Action-R-Tools-and-Case-Studies。我们将尽力在线上为读者提供最满意的解答。书中的全部源文件都可以从上面的GitHub站点下载，我们也会将相应的功能及时更新出来。如果你有更多的宝贵意见，也欢迎发送邮件至邮箱gong0435@gmail.com，期待能够得到你们的真挚反馈。

致谢

刘健在此感谢我的同事及人生导师Linley Jesson。是她带我进入R语言的世界，并一直鼓励我不断尝试突破自我。是她的耐心指导，让我能够在短时间内熟练掌握R语言并应用到工作中解决实际问题。感谢我的父母，将我培养成人。最后感谢我的女儿和妻子，是你们的理解和默默付出让我能够占用陪伴你们的时间来完成大部分书稿。

邬书豪在此感谢我的大学老师徐磊教授7年来一直对我的鼓励和支持，是您的引导和启迪让我敢于多多尝试，坚定自己的信念走上了数据科学这条路，您谦谦君子的人格魅力与意志信念给予我人生中巨大的精神力量，感谢您一直与我分享您的待人接物的理念，使我受益匪浅。感谢我的好朋友石楠女士，你对我在数据科学成长道路上的关心、引导，使我坚定地在数据科学道路上解决了安身立命之本，指导我以严谨认真的态度对待工作和生活。感谢我的父母对我的养育与坚定的支持，让我有机会为自己的人生理想打拼，感谢我的领导给予我成长和贡献自己产出的机会，感谢我那些优秀的同事们，与你们一起共事让我成长良多。

感谢机械工业出版社华章分社的编辑杨福川和张锡鹏，在这一年多的时间中始终支持我们的写作，是你们的理解和支持帮助我们顺利完成全部书稿。

谨以此书献给和我们一样在数据科学领域摸索前行的伙伴，以及众多热爱R语言的朋友们！

刘健　邬书豪

目　　录

第二部分 案例篇

第一部分
Part 1
工具包篇

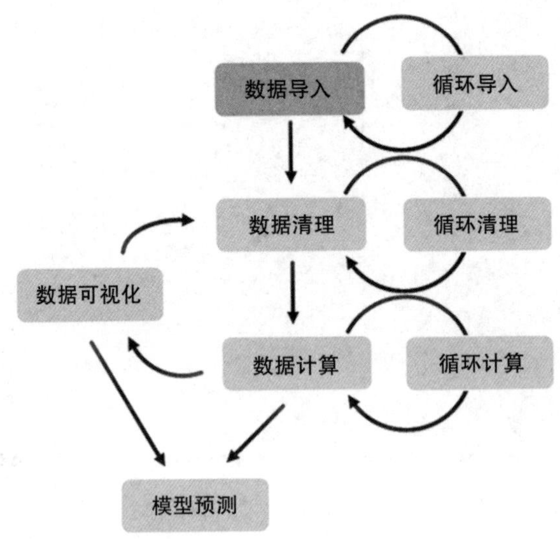

第 1 章

数据导入工具

无论数据分析的目的是什么，将数据导入 R 中的过程都是不可或缺的。毕竟巧妇难为无米之炊。所以本章主要介绍如何选择合适的包，将不同类型的数据文件导入 R 中。学习完本章的内容之后，读者将会获得以下技能。

1）掌握与数据文件类型相对应的 R 语言数据读取函数。

2）了解常用数据类型读取所需的 R 程序包。

3）了解不同 R 包中相似函数的优缺点。

4）清楚常用数据读取函数的参数设置。

5）能够处理规则及不规则原始数据文件的读取和初步检视。

在描述和讲解如何使用 R 语言各个包的基本方法的同时，本章还会介绍一些笔者曾经踩过的“坑”，以及从中学到的一些小知识点或技巧，希望能让读者在学习过程中避免重蹈覆辙。

1.1　utils——数据读取基本功

utils 包是 R 语言的基础包之一。这个包最重要的任务其实并不是进行数据导入，而是为编程和开发 R 包提供非常实用的工具函数。使用 utils 包来进行数据导入和初步的数据探索也许仅仅只是利用了 utils 包不到 1% 的功能，但这 1% 却足以让你在学习 R 语言时事半功倍。

1.1.1　read.csv/csv2——逗号分隔数据读取

`.csv` 可能是目前最常见的平面文件类型了。它代表的是 comma-separated values，简单来讲就是，文件里每一个单独的数据值都是用逗号进行分隔的。`.csv` 只是 `text file`（文本文件）的一种，文本文件在微软的 Windows 操作系统中常以拓展名为 `.txt` 的形式呈现。文本文件可以使用各种符号来分隔数据值，例如常见的 `tab` 和“`;`”（分号），或者其他任意符号。即便是以 `.csv` 为拓展名的文件也并非一定是以逗号进行分隔的，相关内容在本章后面的函数演示部分会有介绍。文件的拓展名并非必须，熟悉 Linux 系统的读者可能接触过很多无拓展名的文件。处理无拓展名的文本文件数据时，最简单的办法就是使用 data.table 包中的 fread 函数（相关内容请参见第 6 章）。

`utils` 里的 `read.csv/csv2` 是专门用于设置快速读取逗号分隔（`read.csv`）或是分号分隔（`read.csv2`）。也就是说，在事先了解数据值分隔符号的情况下，这两个函数对分隔符和其他一些参数的默认设置会使数据导入的部分更加简单和快捷。有一点需要特别注意，即这两个函数对小数点的处理：前者默认的小数点是“`.`”，后者默认的小数点是“`,`”。这只是因为不同国家技术人员对数据值分隔符的见解或者好恶不同而造成的。

万里长征第一步，我们先来看 `read.csv` 最简单的使用方式，代码如下：

```
> flights <- read.csv(file = "flights.csv")
```

此行代码可以解读为使用 `read.csv` 从工作空间读取文件 `flights.csv`，然后将数据集保存到 `flights` 中，其他所有参数都使用默认值。因为 `flights.csv` 文件已经在 R 的工作路径里，所以此处免去了设置 `work directory`。这里希望读者能够自

行探索使用 `.rproj`（R 项目——将每一次数据分析的过程都看作一个独立的项目）来对每一个独立的数据分析工作进行分类和归集。该方法不仅免去了设置路径的麻烦，也减少了因原始数据文件太多而可能导致的各种隐患。

小知识

函数在执行的时候可以依照其默认设置的参数位置来执行，也就是说，用户无须指定每一个参数的名称，只需按照位置顺序来设定参数值即可。比如，read.csv 中的 file 参数名就可以省略，只要第一位是读取文档的目标路径和文件名就可以。

数据文件被读取到 R 工作环境中的第一步通常为调用 str 函数来对该数据对象进行初步检视，下面的代码列出了该函数最简单的使用方式。

```
> str(object = flights)
'data.frame':   6 obs. of  6 variables:
$ carrier : Factor w/ 4 levels "AA","B6","DL",..: 4 4 1 2 3 4
$ flight  : int  1545 1714 1141 725 461 1696
$ tailnum : Factor w/ 6 levels "N14228","N24211",..: 1 2 4 6 5 3
$ origin  : Factor w/ 3 levels "EWR","JFK","LGA": 1 3 2 2 3 1
$ dest    : Factor w/ 5 levels "ATL","BQN","IAH",..: 3 3 4 2 1 5
$ air_time: int  227 227 160 183 116 150
```

`str` 函数可用于检视读取数据结构、变量名称等。这里同样也只指定了一个非默认参数，其他参数全部都为默认值。`str` 的输出结果由 5 个主要部分组成，具体说明如下。

1）`data.frame` 代表数据集在 R 中的呈现格式，这里指的是数据框格式，读者可以将其设想为常见的 Excel 格式。

2）`6 obs. of 6 variables` 代表这个数据集有 6 个变量，每个变量分别有 6 个观测值。

3）`$ carrier` 与其余带有“`$`”符号的函数均指变量名称。

4）变量名称冒号后面的 `Factor` 和 `int` 代表的是变量类型。这里分别是指因子型 `Factor` 和整数型 `int` 数据。另外还有字符型 `chr`、逻辑型 `logi`、浮点型 `dbl`（带有小数点的数字）、复杂型 `complex` 等。因子型变量的后面还列出了各个变量的因子水平，也就是拥有多少个不同的因子。比如，出发地 `origin` 后的 3 levels 就是表示其有 3 个因子水平。只是出发地是否属于因子类型的数据还有待商榷，而 `read.csv` 默认将所有的字符型数据都读成了因子型。

5）数据中的实际观测值。`str` 函数在默认情况下会显示 10 行数据。使用 str 函数浏览导入的数据集可以让用户确定读取的数据是否正确、数据中是否有默认的部分、变量的种类等信息，进而确定下一步进行数据处理的方向。其他用来检视数据集的函数还有 head、tail、view 等，另外，Rstudio 中的 Environment 部分也可以用于查看目前工作环境中的数据框或其他类型的数据集。

前文提到过，.csv 并非一定是以逗号进行分隔。如果遇到以非逗号分隔数据值的情况，加之未指定分隔符（例如，运行 read.csv 读取以 Tab 分隔的文件），就会出现下面的情况：

```
> flights1 <- read.csv(file = "flights1.csv")
> str(object = flights1)
'data.frame':   6 obs. of  1 variable:
$ carrier.flight.tailnum.origin.dest.air_time: Factor w/ 6 levels "AA\t1141\
   tN619AA\tJFK\tMIA\t160",..: 4 6 1 2 3 5
```

小技巧

指定（assgin）符号“<-”的快捷键是“alt”加“-”（短划线）。Rstudio 快捷键参照表可以通过“alt+K”来查看详细内容。

由代码可知，read.csv 函数将所有数据都读取到了一列中。因为按照默认的参数设置，函数会寻找逗号作为分隔列的标准，若找不到逗号，则只好将所有变量都放在一列中。指定分隔符参数可以解决这个问题。将 \t（tab 在 R 中的表达方式）指定给 sep 参数后再次运行 read.csv 读取以 Tab 分隔的 csv 文件，代码如下：

```
> flights3 <- read.csv(file = "flights1.csv", sep = "\t")
> str(flights3)
'data.frame':   6 obs. of  6 variables:
$ carrier : Factor w/ 4 levels "AA","B6","DL",..: 4 4 1 2 3 4
$ flight  : int  1545 1714 1141 725 461 1696
$ tailnum : Factor w/ 6 levels "N14228","N24211",..: 1 2 4 6 5 3
$ origin  : Factor w/ 3 levels "EWR","JFK","LGA": 1 3 2 2 3 1
$ dest    : Factor w/ 5 levels "ATL","BQN","IAH",..: 3 3 4 2 1 5
$ air_time: int  227 227 160 183 116 150
```

根据实际情况不同，字符型数据有时会是因子，有时不会。如果使用 read.csv 默认的读取方式，那么字符型全因子化会对后续的处理分析带来很多麻烦。所以最好是将字符因子化关掉。stringsAsFactors 参数就是这个开关，示例代码如下：

```
> flights_str <- read.csv(file = "flightsstrings.csv", sep = "\t",
    stringsAsFactors = FALSE)
> str(object = flights_str)
'data.frame':   6 obs. of  6 variables:
$ carrier : chr  "UA" "UA" "AA" "B6" ...
$ flight  : int  1545 1714 1141 725 461 1696
$ tailnum : chr  "N14228" "N24211" "N619AA" "N804JB" ...
$ origin  : chr  "EWR" "LGA" "JFK" "JFK" ...
$ dest    : chr  "IAH" "IAH" "MIA" "BQN" ...
$ air_time: int  227 227 160 183 116 150
```

1.1.2　read.delim/delim2——特定分隔符数据读取

read.delim/delim2 这两个函数是专门用来处理以 tab 分隔数据的文件的，delim 可用来读取小数点是“.”的数据，delim2 则用来处理小数点是“,”的数据，所以这两个函数与 read.csv/csv2 唯一不同的就只是参数 sep = "\t"。聪明的你很可能已经想到了如果使用这两个函数的默认设置来读取以逗号分隔的数据会发生什么。函数的默认参数会在原始数据中不断地寻找 tab 分隔符，找不到的话就会如同 1.1.1 节里面演示的那样，将所有变量都挤在一列里。read.delim/delim2 的示例代码如下：

```
> read.delim
function (file, header = TRUE, sep = "\t", quote = "\"", dec = ".",
    fill = TRUE, comment.char = "", ...)
read.table(file = file, header = header, sep = sep, quote = quote,
    dec = dec, fill = fill, comment.char = comment.char, ...)
<bytecode: 0x000000001a28a710>
<environment: namespace:utils>
```

无论是 read.csv 还是 read.delim，帮助文档中的参数格式都是相同的。从上面的代码结果中可以看出，read.delim 执行的其实，是函数 read.table。其实，这 4 个函数（read.csv/read.csv2/read.delim/read.delim2）都只是它们的母函数 read.table 的变形罢了。这样做的原因有可能是因为在 RStudio 出生之前，read.csv/delim 比 read.table 更容易记住，也有可能只是 Henrik Bengtsson（utils 包的笔者）觉得这样做很酷。具体是什么原因已经不再重要，会用这些函数才是第一要务。

1.1.3 read.table——任意分隔符数据读取

read.table 函数会将文件读成数据框的格式，将分隔符作为区分变量的依据，把不同的变量放置在不同的列中，每一行的数据都会对应相应的变量名称进行排放。表 1-1 简要列出了 read.table 函数中主要参数的中英文对照。

表 1-1　函数 read.table 实用参数及功能对照

参数名称	功能描述
file	数据文件路径 + 文件名，也可以是一个 url，或者是文字数据
header	设置逻辑值来指定函数是否将数据文件的第一列作为列名。默认为假
sep	不同变量之间的分隔符，特指分隔列数据的分隔符。默认值为空，可以是“,”、“\t”等
quote	单双引号规则的设置。如果不希望设置该参数，则需要指定其为空：quote = ""
dec	用作小数点的符号，一般为句点或者逗号
row.names	行名。可以通过指定一组向量来进行设置。如果文件中的第一行比数据整体的列数量少一时，则会默认使用第一列来作为行名
col.names	列名。可以通过指定一组向量来进行列名设置
na.strings	对默认值的处理
colClasses	变量类型的设置。通过指定一组向量来指定每列的变量数据类型，具体使用方式为：colClasses = c ("character","numeric",…)
fill	设置逻辑值来处理空白值部分，使用方法请参见代码演示部分
strip.white	设置逻辑值来处理空白列。某些数据文件内可能会预留一些变量列，但数据采集后这些预留的列并未被填满，而是仍然保留着制表符，该参数就是用来处理掉这些意义不大的制表符
blank.lines.skip	空白行是否跳过，默认为真，即跳过
stringsAsFactors	字符串是否作为因子，推荐设置为否
skip	跳过几行读取原始数据文件，默认设置为 0，表示不跳过任何一行，从文件第一行开始读取，可以传参任意数字

以上这些参数已足以应付读取日常练习所用的规整的数据文件，例如，教授布置的统计作业中的原始数据集，各种传感器输出的 .csv 文件等。下面的代码及运行结果演示非常简单，使用 read.table 读取 1.1.1 节中的第一个数据集，实现思路是每次只增加一个 read.table 函数中的参数。代码如下：

```
> flights <- read.table(file = "flights.csv")
> head(x = flights)
```

表 1-2 展示了所有参数均为默认设置的部分结果。

表 1-2 read.table 函数参数设置结果展示一

V1
carrier,flight,tailnum,origin,dest,air_time
UA,1545,N14228,EWR,IAH,227
UA,1714,N24211,LGA,IAH,227
AA,1141,N619AA,JFK,MIA,160
B6,725,N804JB,JFK,BQN,183
DL,461,N668DN,LGA,ATL,116

小提示

上面的演示代码中使用了 head 函数，该函数可以按照人们习惯的方式将数据框按照自上而下的方式显示出来，而不是像 str 函数那样从左向右展示。一般在做初步数据检视的时候，推荐两个函数都运行，作为互补。head 方便与原始数据文档进行比对，而 str 则可以显示所保存的数据框属性、变量类型等信息。

因为函数默认的分隔符是空白（注意不是空格），所以应有的 6 个变量都被读在一列中。且默认的 header 参数是假，所以数据变量被默认分配了一个新的变量名 V1，并且应为变量名称的这一行变成了观测值的第一行。将 header 设置为 TRUE 后的代码如下：

```
> flights <- read.table(file = "flights.csv",header = TRUE)
> head(x = flights)
```

表 1-3 中显示的是部分结果。

表 1-3 read.table 函数参数设置结果展示二

carrier.flight.tailnum.origin.dest.air_time
UA,1545,N14228,EWR,IAH,227
UA,1714,N24211,LGA,IAH,227
AA,1141,N619AA,JFK,MIA,160
B6,725,N804JB,JFK,BQN,183
DL,461,N668DN,LGA,ATL,116
UA,1696,N39463,EWR,ORD,150

指定 header 参数为真，分隔符 sep 参数为“,”后，变量名称才得以读取成应有的样子（如表 1-4 所示）。

```
> flights <- read.table(file = "flights.csv",header = TRUE,sep = ",")
> head(flights)
```

表 1-4 read.table 函数参数设置结果展示三

carrier	flight	tailnum	origin	dest	air_time
UA	1545	N14228	EWR	IAH	227
UA	1714	N24211	LGA	IAH	227
AA	1141	N619AA	JFK	MIA	160
B6	725	N804JB	JFK	BQN	183
DL	461	N668DN	LGA	ATL	116
UA	1696	N39463	EWR	ORD	150

表 1-4 所示的数据框终于呈现了该有的样子。需要注意的，是因为字符数据因子化的参数还是默认设置，因此变量 `carrier`、`tailnum`、`origin`、`dest` 还是因子型。在实际练习或使用时，建议指定 `stringAsFactors = FALSE`。

以上读取的数据集都是规整的数据集，即每一行数据都有相同的观测值。不过在实际生活中，原始数据难免会存在空白行、空白值、默认值，或者某一行数据存在多余观测值却没有与之对应的变量名称，抑或元数据和原始数据在同一个文件中等各种问题。这里暂且称这些问题数据集为不规则数据集，简单说就是，实际列的个数多于列名的个数。`read.table` 函数为这些问题准备了相应的参数。

1. 空白行

表 1-1 中介绍过 `read.table` 对于空白行的默认处理是跳过，这可以满足大部分常见数据的情况。不过在某些特殊情况下，例如，一个数据文件中同时存在两个或两个以上的数据集，那么保留空白行可能会有助于后续的数据处理。表 1-5 演示的就是一个比较特殊的例子。空白行的上部是元数据，也即解释数据的数据，这里演示的是航空公司的缩写和全名的对照。空白行的下部是数据的主体部分，航班号、起始地缩写、起飞时间。这里保留空白行可有助于区分数据的不同部分。

表 1-5 特殊类型文本数据文档

carrier	name				
AA	American Airlines Inc.				
B6	JetBlue Airways				
DL	Delta Air Lines Inc.				
carrier	flight	tailnum	origin	dest	air_time
AA	1141	N619AA	JFK	MIA	160
B6	725	N804JB	JFK	BQN	183
DL	461	N668DN	LGA	ATL	116

保留空白行的代码如下所示：

```
> airlines <- read.table(file = "airlines.csv", header = TRUE, sep = "\t",
    blank.lines.skip = FALSE, stringsAsFactors = FALSE)
> head(airlines, n = 8)
```

指定空白行保留的参数后，数据被成功读进 R（表 1-6）。

表 1-6　read.table 函数参数设置结果展示四

carrier	name
AA	American Airlines
	Inc.
B6	JetBlue Airways
DL	Delta Air Lines Inc.
carrier	flight
tailnum	origin
dest	air_time
AA	1141

如此一来，不同的数据集就可以很容易地进行切割并归集到新的数据集中。可是，另外一个问题又出现了，函数按照第一部分的两列变量将后续的所有数据也都写入了两列。这是因为 read.table 会扫描文件中前五行的数据（包括变量名称）并以此为标准来确定变量数，airlines.csv 中开始的五行数据都只有两列，所以后续的数据也都强制读取成两列。如果数据的第 2～5 行中存在任何一行拥有多于前面一行或几行的数据值，那么函数就会报错提示第一行没有相应数量的值。这种情况可以根据实际数据文件内容，用两种方式来处理，具体如下。

1）如果文件中开始的部分是暂时不需要的元数据，那么可以使用 skip 函数跳过相应的行数，只读取感兴趣的数据。

2）如果文件内容是一个整体，只是若干行数据具有额外的观测值。那么可以通过调整参数 col.names 或 fill 和 header 进行处理。

第一种情况比较容易，读者可以自行测试，在此略过。第二种情况需要知道数据中观测值个数的最大值，以用来补齐变量个数。因为已经知道 airlines 文件的第二部分拥有 6 个变量，所以下面就来演示如何将 6 个变量名称指定成新的变量名（表 1-7），代码如下：

```
> airlines <- read.table(file = "airlines.csv", header = FALSE, sep = "\t",
    stringsAsFactors = FALSE, col.names = paste0("V",1:6), blank.lines.skip =
    FALSE)
> head(airlines)
```

演示结果如表 1-7 所示。

表 1-7　read.table 函数参数设置结果展示五

V1	V2	V3	V4	V5	V6
carrier	name				
AA	American Airlines Inc.				
B6	JetBlue Airways				
DL	Delta Air Lines Inc.				
carrier	flight	tailnum	origin	dest	air_time

小技巧：

另外一个获取不规则数据集中所需变量个数的方法是利用报错信息。当不指定 col.names 参数，且原始数据的第 2～5 行中任一行有多于第一行的数据时，read.table 会报错提示 Error in scan(file = file, what = what, sep = sep, quote = quote, dec = dec, : line 1 did not have X elements，X 即所需要的手动指定的变量个数。

这里使用 paste0 来创建新的变量名称。paste0 可以理解为胶水函数，用于将需要的字符串粘合在一起。这里演示的意思是创建 6 个以 V 开头，从 V1 到 V6 的字符串作为变量名。这种处理方式足以应付平时练习用的小型数据集（比如，只有几行到几十行数据的数据集）。但是在处理实际工作中成百上千行的数据时，这种手动指定变量个数的方法就显得笨拙而低效了。下面的代码演示了如何实现自动检测数据集所需的变量数：

```
> number_of_col <- max(count.fields("airlines.csv",sep = "\t"))
> airlines <- read.table(file = "airlines.csv", header = FALSE, sep = "\t",
    stringsAsFactors = FALSE, col.names = paste0("V",seq_len(number_of_col)),
    blank.lines.skip = FALSE)
> head(airlines)
```

部分结果展示如表 1-8 所示。

表 1-8 read.table 函数参数设置结果展示六

V1	V2	V3	V4	V5	V6
carrier	name				
AA	American Airlines Inc.				
B6	JetBlue Airways				
DL	Delta Air Lines Inc.				
carrier	flight	tailnum	origin	dest	air_time

count.fields/max/seq_len 这三个函数的配合使用实现了如下功能。

count.fields 用于自动检测数据集中每一行数据的观测值个数，max 用于找出 count.fields 输入结果中的最大值，seq_len 用于以最大值为参照生成 1 到最大值的整数序列，胶水函数 paste0 用于定义变量名称。

因为 R 基于向量计算的特性，因此这种函数之间简单的配合使用很常见也很有效。所以希望小伙伴们在以后的练习或实际工作中，多思考，尽量使用这样的组合来提高代码的效率、简洁性和可重复性。

使用参数 fill 和 header 也可以读取不规则数据集。需要注意的是，采用这种方法是有前提条件的，即原始数据第 2～5 行实际列的个数应大于列名。代码如下：

```
> flights_uneven <- read.table("airlines.csv", header = FALSE, sep = "\t",
    stringsAsFactors = FALSE, fill = TRUE)
> head(flights_uneven)
```

上述代码的演示结果如表 1-9 所示。

表 1-9 read.table 函数参数设置结果展示七

V1	V2	V3	V4	V5	V6
carrier	name				
AA	American Airlines Inc.				
B6	JetBlue Airways				
DL	Delta Air Lines Inc.				
carrier	flight	tailnum	origin	dest	air_time
AA	1141	N619AA	JFK	MIA	160

2. 默认值、空白

一个数据集里出现默认值（NA）或空白（“”）的情况十分常见，两者之间的区别需要根据不同的实际情况来确定。理论上来讲，默认值仍是数据观测值的一种，虽然在原始数据中其可能与空白一样没有显示，但是它可以通过其他手段来进行补齐。而空白有可能并不是数据，比如在上面的演示中，V3 至 V6 列，1～5 行都是空白，这些空白不属于任何实际数据变量，是真正的空白，因而不能说这些空白是默认值。默认值和空白的处理完全可以独立成书，因为相关内容已经超出了本书的范围，所以这里不再过多讨论。下面只演示在导入数据的过程中，如何进行简单的默认值、空白预处理，代码如下：

```
> flights_uneven <- read.table(file = "flights_uneven.csv", header = FALSE,
    sep = "\t", stringsAsFactors = FALSE, fill = TRUE, na.strings = c(""))
> head(flights_uneven)
```

表 1-10 中展示了处理后的部分数据值。

表 1-10　read.table 函数参数设置结果展示八

V1	V2	V3	V4	V5	V6	V7
carrier	flight	tailnum	origin	dest	air_time	NA
UA	1545	N14228	EWR	IAH	227	NA
UA	1714	N24211	LGA	IAH	227	测试 1
AA	1141	N619AA	JFK	MIA	160	测试 2
B6	725	N804JB	JFK	BQN	183	测试 3
DL	461	N668DN	LGA	ATL	116	NA

第七列中的数据在指定将空白替换成“NA”之后，原有的空白位置被写入了“NA”，也就是说第七列的空白属于数据的一部分。根据实际情况，也可以将多余的数据部分或全部替换成“NA”（如表 1-11 所示），以方便后续的处理及分析，代码如下：

```
> flights_uneven <- read.table("flights_uneven.csv",sep = "\t", stringsAsFactors
    = FALSE, fill = TRUE,header = FALSE, na.strings = c(paste0("测试",1:3),""))
> head(flights_uneven)
```

替换结果如表 1-11 所示。

表 1-11　read.table 函数参数设置结果展示九

V1	V2	V3	V4	V5	V6	V7
carrier	flight	tailnum	origin	dest	air_time	NA
UA	1545	N14228	EWR	IAH	227	NA

（续）

V1	V2	V3	V4	V5	V6	V7
UA	1714	N24211	LGA	IAH	227	NA
AA	1141	N619AA	JFK	MIA	160	NA
B6	725	N804JB	JFK	BQN	183	NA
DL	461	N668DN	LGA	ATL	116	NA

当数据集行数较多，无法轻易地鉴别出某一列到底有多少个观测值需要赋值为“NA”的时候，可以配合 unique 函数进行处理。处理的思路是先将数据读取到 R 中，然后使用 unique 函数找到指定列中的非重复观测值，选取指定观测值并保存到一个向量内，然后将向量指定给 na.strings 参数来进行替换，代码如下：

```
> flights_uneven <- read.table("flights_uneven.csv",sep = "\t", stringsAsFactors = FALSE, fill = TRUE, header = FALSE)
> replace <- unique(flights_uneven$V7)
replace
[1] ""       "测试1" "测试2" "测试3"
> flights_uneven <- read.table("flights_uneven.csv",sep = "\t", stringsAsFactors = FALSE, fill = TRUE,header = FALSE, na.strings = c(replace[c(1,3)]))
> head(flights_uneven)
```

替换结果如表 1-12 所示。

表 1-12 read.table 函数参数设置结果展示十

V1	V2	V3	V4	V5	V6	V7
carrier	flight	tailnum	origin	dest	air_time	NA
UA	1545	N14228	EWR	IAH	227	NA
UA	1714	N24211	LGA	IAH	227	测试 1
AA	1141	N619AA	JFK	MIA	160	NA
B6	725	N804JB	JFK	BQN	183	测试 3
DL	461	N668DN	LGA	ATL	116	NA

第一次读取数据是为了获得需要替换的观测值，第二次读取则是将需要替换成“NA”的观测值指定给相应参数。因为 replace 是一个字符串向量，所以可以使用“[”

按位置选择其中的值，当然也可以不选择任何值，直接全部替换。

小知识

“[”是 baseR 中 Extract 的一种，在 R 的使用过程中，这是必须掌握和理解的函数之一。

1.2　readr——进阶数据读取

'readr' 包是 R 语言世界级大神之一 Hadley Wickham 主导开发的一个数据读取包。相较于 'utils' 包里的读取函数，'readr' 包主要拥有 3 点优势，具体如下。

1）更快。就平均读取速度而言，'readr' 包里的 'read_csv' 一般要比 'read.csv' 快三到十倍不等。

2）默认设置更简洁。默认情况下，'readr' 包会自动解析每列的数据类型，并显示解析结果，这样可以更加直观地看到读取后的数据类型是否符合预期，而且无须设置 'stringAsFactors'。

3）对数据类型的解析更准确。'utils' 包中提供的 'read.table' 函数在甄别一列数据的属性时，只会对起始 5 行的观测值类型进行评估，并以此决定该列全部数据的类型。而 'readr' 中的函数默认评估 1000 行的观测值后再决定数据的类型。

'readr' 包中常用的数据读取函数包括 'read_delim'、'read_fwf'、'read_lines'、'read_log' 和 'read_table'。其中 'read_delim' 属于常见数据读取 'read_csv/read_csv2/read_tsv' 的母函数，所以也可以直接调用子函数。

read_delim

常用分隔符文件的读取函数 'read_csv/read_csv2/read_tsv' 分别对应于 'utils' 中的 'read.csv/read.csv2/read.delim'。Hadley 与其他成员开发的这个包更像是对 'baseR' 中与数据读取有关函数的一个优化，使其更加规范、稳定和可再现。表 1-13 中列出了 read_delim 参数的英文名称、功能的中文描述及部分传参注释。其中，比较重要的几个参数依次为 'file''delim'（如使用 'read_csv' 等则无须设置）、'skip'、'col_name' 和 'col_types'。之所以说它们比较重要，是因为笔者发现适当调整参数设置可以让后续的数据处理事半功倍。

表 1-13　数据导入函数 'read_delim' 参数详解

参数名称	功能描述
file	数据文件路径 + 文件名，也可以是一个 url，或者是文字数据 文件拓展名是下列之一的会自动解压缩：.gz、.bz2、.xz、.zip 链接以 http://、https://、ftp://、ftps:// 开头的文件会被下载到本地。如果链接里文件是压缩文件，那么会先下载再解压缩

（续）

参数名称	功能描述
delim	分隔符，特指分隔每行数据的分隔符。可以是“,”“\t”等
quote	分隔字符串的引号，或者其他字符。比如数据列名一般会用双引号，但也可以使用括号来对列名进行引用
escape_backslash	函数对反斜杠的处理默认设置为真，即将反斜杠按照分隔符处理，为否时，则按照制表符处理
escape_double	原始文件是否用双重引用来表示双引号，如果为真，则""""（4个连续的双引号）代表两个双引号
col_names	该参数包含三个选择，具体如下。 1）为真（TRUE），原始数据文件的第一行被用作列名，且不在数据集内。 2）为假（FALSE），数据列名被自动赋值成 X1、X2、X3 等。 3）自定义字符串向量传给参数。此时，字符串向量会被用作列名，而原数据文件的第一列则将被保存到数据集的第一列。如果有默认列名的话，则会发出警告，并自动赋值成 X1、X2、X3 等，但不会影响读取进程。 重复的列名也会发出警告，并且会在重复列名前加数字序号以做区分
col_types	列数据类型。可以有两种传参形式，具体如下。 1）NULL，默认值。函数会自动扫描 1000 行数据，并以此决定每一列数据的类型。一般情况下，默认值设置比较方便快速。但是在遇到特殊情况时，比如有一列数据的前 1000 行是一种数据类型，1001 行之后是另外一种数据类型，这样在后续进行计算时常常会有意外发生，所以为了后续计算的方便，可以尝试再设置一次每一列的数据类型。 2）数据类型的设置可以配合 cols( ) 函数来进行设置。必须明确的一点是，每一列都必须要有对应的类型。为了方便快捷，可以使用如下简写来代替数据类型的全称： c = character、i = integer、n = number、d = double、l = logical、D = date、T = date time、t = time、“?” = guess，或者用“_ / -”来跳过一列
locale	对本地环境进行设置的参数。传参的内容包括但不限于时区、解码方式、小数点、日期名字等，具体可以参照函数 locale( )
na	原始数据文件中是否包含一些字符需要用 na 来代替
quoted_na	原始文件中双引号内默认值的处理方式，默认是自动读取成默认值“NA”，或者可以选择传参一组字符串
comment	一行字符串用来判别评语，出现在这行字符串之后的任何数据都不会被读取进来
trim_ws	是否处理掉每个数据值前后的空白，取值为真或假
skip	是否跳过几行读取原始数据文件，默认为 0 表示不跳过；可以传参任意数字
n_max	最大读取行数
guess_max	推测最大行数
progress	是否显示进度条，默认是显示进度条，不过只会在函数认为读取进程会超过 5 秒的情况下才显示，然后每隔 5 万条数据值会更新一次，通过设置该参数为假关掉该功能

参数 'file' 的重要性不言而喻，无默认值，必须设置。第二位参数 'delim' 视情况可有可无，在使用具体的子函数 'read_csv/read_csv2/read_tsv' 时就无须设置。不过，使用母

函数 'read_delim' 时是没有默认值的。

当一个 .csv 数据中前面有很多空白行时，skip 参数可以直接跳过空白行来读取数据。具体设置非常简单，skip = 3 即表示跳过前三行数据，从第四行开始读取。这个参数并非只用于跳过空白行，也可以用来读取原始数据的一部分，配合 n_max 使用可以做到随心所欲地读取任一部分数据。

另外一个重要的参数是 col_names。对原始数据中的变量名称不满意，可以使用该参数自定义变量名称。这个参数可以理解为将 read.table 中的参数 header 和 col.names 的功能融合在一起，相关内容请参见 1.1.3 节。

变量属性对后续计算会有很大影响，所以 col_types 参数的重要性也不容忽视。虽然 Hadley 等已经将这个参数的功能优化得非常智能了，但他还是会建议用户应尽量依据个人需求来定义变量属性，因为意外总是存在的。

下面的代码展示了 read_csv 解析变量属性正常、读取正常的情况。运行函数之后，报告会在 console 中显示每一列数据都被解析成了何种属性，因此非常容易甄别哪一列数据类型不是期望的类型。在某些特殊情况下，比如原始文件分隔符号不统一的情况，这时自动解析功能会无法识别某一列或多列变量的属性，进而显示 parsing failures（剖析失败）的报告。用户可以通过 problems 函数来查看具体的信息，从而确定原始数据中的哪一部分数据出现了问题。

```
> library(readr)
> read_csv("RawData/flights.csv")
## Parsed with column specification:
## cols(
##   carrier = col_character(),
##   flight = col_integer(),
##   tailnum = col_character(),
##   origin = col_character(),
##   dest = col_character(),
##   air_time = col_integer()
## )
```

1.3 utils vs readr——你喜欢哪个？

就实际应用而言，笔者建议读者在考虑原始数据文件格式的前提下，根据个人需求或喜好来选择使用 utils 或 readr 这两个包中的数据读取函数。在 R 语言的世界里，没有最好的函数，只有最适合的函数。在处理单一或个位数数据文件的情况下，read.csv 和

read_csv 都可以很好地完成任务。流程图 1-1 也许可以帮到有函数选择困难症的读者。

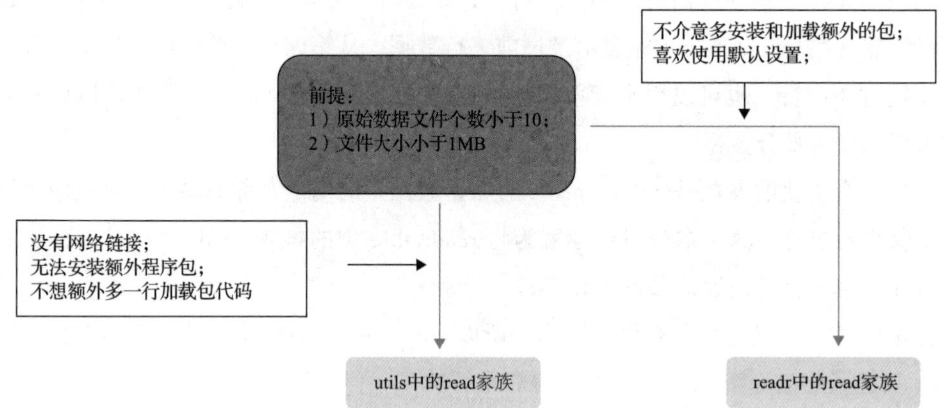

图 1-1　根据文件类型和大小选择适当的数据读取函数

之所以设置文件个数和文件大小的前提，是因为在面对批量、大容量平面文档格式的数据时，这两个函数并非最合适的选择。data.table 包中的 fread 函数更能满足在读取数据时对速度和准确度都有要求的读者，具体请参见第 6 章。

1.4　readxl——Excel 文件读取

readxl 是微软 Excel 文件读取的必备 R 包，是 Hadley Wickham、Jennifer Bryan 以及其他 6 名成员合作完成的经典程序包之一。值得一提的是，该包的开发者之一兼实际维护者 Jennifer Bryan（网络上多称她为 Jenny Bryan），可以称得上是与 Hadley 齐名且为数不多的女性 R 语言神级人物。可能是因为其身为大学教授，因此她总能够用很生动有趣的方式将复杂的问题简化成通俗易懂的知识传递给“小白”，强烈建议有英文基础的读者能够搜集一些她的主题演讲或者书籍。在后续第 5 章 purrr 包的讨论中，笔者也会引用她的经典例子。

更新后的 readxl 包中虽然也还是只有 5 个函数，不过功能却比以前的版本更强大了。对于起初的版本，数据会被读取成常见的 data.frame 格式，而对于现在的版本，读取后的数据集格式则为 tibble，可以理解为提升版的 data.frame（具体详见 2.1 节）。readxl 包括两个探测性函数 excel_format 和 excel_sheets，一个引用例子的函数 readxl_example，新加入的读取特定单元格的函数 cell-specification 以及最重要的 read_excel 函数。本节将着重讨论 read_excel 的参数设置及用法技巧（见表 1-14）。

表 1-14　数据导入函数 read_excel 主要参数及功能对照

参数名称	功能描述
path	数据文件路径 + 文件名，也可以是一个 url
sheet	工作表序号或名称，默认值为第一个工作表
range	读取指定区间，可以限定函数读取原始 Excel 文件的范围，例如，“A1:D100”会读取这个区间中的所有单元格，包括空白单元格。“工作表 1!A1:D100”会读取名为“工作表 1”中的该区间。这个参数的优先级高于参数 'skip'、'n_max'、'sheet'
col_names	该参数具有三个选择，具体如下。 1）为真（TRUE），原始数据文件的第一行被用作列名，且不在数据集内。 2）为假（FALSE），数据列名被自动赋值成 X__1、X__2、X__3 等。 3）自定义字符串向量传给参数。此时字符串向量会被用作列名，而原数据文件的第一列将被保存到数据集的第一列。如果有默认列名的话，则会发出警告，并自动赋值成 X1、X2、X3 等，但不会影响读取进程。重复的列名也会发出警告，并且会在重复列名前加数字序号以做区分
col_types	列数据类型。可以有两种传参形式，具体如下。 1）NULL，默认值。函数会自动解析每一列数据的类型。 2）指定变量类型。字符串参照为："skip"、"guess"、"logical"、"numeric"、"date"、"text" 或 "list"。需要注意的是，如果仅指定一个数据类型（例如，"numeric"）那么所有的变量都会被读成字符型数据。如果指定一列为 "skip"，那么这一列就不会被读取到 R 中来。新增加的 "list" 属性对处理有经纬度的变量列将会有很大帮助
na	原始数据文件中是否有一些字符需要用 na 来代替。空白单元格被默认作为默认值
trim_ws	每个数据值前后的空白是否处理掉，取值为真或假
skip	是否跳过几行读取原始数据文件，默认取值为 0，表示不跳过；可以传参任意数字
n_max	最大读取行数

首先还是需要加载 readxl 包。尽管 Hadley 从 2017 年开始就一直在网络上宣传这个包已经属于 tidyverse 的一部分，但用户还是必须手动单独加载这个包。加载 readxl 包代码如下：

```
> library(readxl)
```

readxl 包自带示范文件，使用函数 `readxl_example` 可以查看文件名字，以及获取文件路径，代码如下：

```
> readxl_example()
 [1] "clippy.xls"    "clippy.xlsx"   "datasets.xls"  "datasets.xlsx"
 [5] "deaths.xls"    "deaths.xlsx"   "geometry.xls"  "geometry.xlsx"
 [9] "type-me.xls"   "type-me.xlsx"
```

获取示例文件的路径，可以先复制 readxl_example 函数运行后的结果，然后将其粘贴到 read_excel 函数的 path 参数中。下面的代码演示函数嵌套的方法，这种嵌套的代码书写方式能够在一定程度上简化代码和减少命名中间产物的频率。不过嵌套过多会使可读性变差，一般推荐只嵌套两层。将读取后的数据保存在 iris 中，执行 str 函数之后将会发现除了经典的 data.frame 之外，数据集还有另外两种类别，tbl_df 和 tbl，这两种类别的具体含义会在 2.1 节中详细介绍。函数嵌套的示例代码如下：

```
> iris <- read_excel(path = readxl_example(path = "datasets.xlsx"))
> str(iris)
## Classes 'tbl_df', 'tbl' and 'data.frame':    150 obs. of  5 variables:
## $ Sepal.Length: num  5.1 4.9 4.7 4.6 5 5.4 4.6 5 4.4 4.9 ...
## $ Sepal.Width : num  3.5 3 3.2 3.1 3.6 3.9 3.4 3.4 2.9 3.1 ...
## $ Petal.Length: num  1.4 1.4 1.3 1.5 1.4 1.7 1.4 1.5 1.4 1.5 ...
## $ Petal.Width : num  0.2 0.2 0.2 0.2 0.2 0.4 0.3 0.2 0.2 0.1 ...
## $ Species     : chr  "setosa" "setosa" "setosa" "setosa" ...
```

之所以命名为 iris，是因为这个范例 Excel 文件中的第一个工作表就是该经典数据集。函数 excel_sheets 可用于查询同一个文件中的工作表名称，其实现代码具体如下：

```
> excel_sheets(path = readxl_example(path = "datasets.xlsx"))
## [1] "iris"     "mtcars"   "chickwts" "quakes"
```

在 datasets.xlsx 中一共存在 4 个工作表，其中包含了 4 个最经典的 R 语言练习数据集。在此，希望读者可以自行浏览这几个数据集，对数据集的格式、变量名称等情况有一定程度的了解，在后续的章节中，笔者还会引用这几个数据集。

增加参数 sheet 或 range 可以读取指定工作表中的数据。这里需要注意的是，表 1-14 中提到了参数优先级的问题。对于一般常见的练习数据集，sheet 参数指定的工作表已足够胜任。读者只需要记住 range 参数可以用来处理特殊情况，也就是说，当设置 sheet 后依然对读取到的数据不满意的情况可以考虑使用 range。

下面的代码演示了 sheet 的两种传参方式：位置序号和名称。推荐读者采用后者。因为工作表被意外拖拽导致位置调换的情况常有发生，而位置意外发生调换之后读取的数据也会不同，这就增加了代码崩溃的风险。如果使用名称，则会降低发生错误的几率。示例代码如下：

```
> mtcars <- read_excel(path = readxl_example(path = "datasets.xlsx"),sheet = 2)
> mtcars <- read_excel(path = readxl_example(path = "datasets.xlsx"),sheet =
    "mtcars")
```

对于后面的参数，读者可以根据表 1-14 中的解释，按照 1.1 节中的方法，每次增加一个参数，来逐步掌握每一个参数的功能，这里不再赘述。

1.5 DBI——数据库数据查询、下载

在使用 R 语言和数据库进行交互之前，读者们需要明确一个问题——是否有必要使用 R 来处理数据。简单的数据处理任务，比如数据查询、筛选和简单运算，相应的数据库语言应该是比 R 语言更好的选择。不过当你对数据库语言并不熟悉，而且需要 R 语言强大的统计分析和绘图环境来处理数据库中的数据时，DBI 包绝对是一条捷径。因为 Hadley 大神再一次拯救了“小白”。有了 DBI 包，不需要了解数据库交互中各个环节繁琐的理论知识和技巧，只需要明白如何通过 DBI 包来建立数据库连接、查询和读取数据即可。不过，这个包也并非万能钥匙，想要无障碍地与数据库进行交互，以下 6 点是必备的前提。

1）已知数据库的类型，例如，MySQL、PostgreSQL。

2）已经安装了相应数据库类型的 R 包。

3）数据库服务器地址。

4）数据库名称。

5）接入数据库的权限、账号和密码。

6）已安装 dplyr 包用来本地化数据库中的数据。

使用 R 与数据库进行交互的一般流程为：建立连接→发送查询请求→获取相关数据。下面，我们用 PostgreSQL 的数据库作为代码示例。首先加载三个必备程序包，其中，DBI 和 PostgreSQL 将用来建立与数据库的连接以及发送请求。dplyr 则是用来将数据库中的数据保存到本地。加载代码具体如下：

```
> library(DBI)
> library(dplyr)
> library(RPostgreSQL)
```

不同类型的数据库可能需要调整 dbConnect 中的参数，具体调整方法读者可以参见帮助文档。数据库服务器地址、名称、权限等信息需要输入到单引号中，请一定留意是否有空格符号不小心被复制或者因误操作输入其中。如果担心密码泄露的话，则可以使用 RStudio 中自带的密码弹窗功能。dbListTables 函数可以用来查询数据库中的详细内容，并以字符串向量的格式返回，如果数据库中无内容，则会返回空值。调整 dbConnect 参数的示例代码如下：

```
  > db_connect <- dbConnect(
RPostgreSQL::PostgreSQL(),
dbname = '数据库名称',
host = '服务器地址',
user = '用户名',
password = "密码")

  > dbListTables(db_connect)
  ## [1] "MetaData" "Table1"    "Table2"
```

优化后的 tbl 函数可以直接调取已经建立连接的数据库中的指定数据，并保存为 tibble 格式的数据集（参见第 2 章）。下面的代码中，逗号后面的参数也可以用“Table1”或“Table2”来表示：

```
> tbl(src = db_connect, dbListTables(db_connect)[1])
```

数据库交互的有关内容完全可以独立成书，这里我们只介绍了最简单的基本用法，以使大家对如何使用 R 来查询数据库有个最基本的印象。

1.6 pdftools——PDF 文件

学术期刊、网络杂志和电子书籍一般都会以 PDF 格式的文件呈现。一般的计量型数据分析很少会遇到读取 PDF 文件的情况，不过在进行文本挖掘（Text Mining）和主题模型（Topic Modelling）预测中，pdftools 包绝对是必备 R 包之一。该包只有两个母函数，一个用来从 PDF 中提取数据（此处的数据包括数字型和文字型数据），另一个则用来将文件渲染成 PDF 格式。本节我们只讨论第一个母函数——pdf_info。

pdf_info 函数下面一共包含 6 个子函数，功能各不相同，详见表 1-15。但是 6 个子函数的参数完全一致，分别是 pdf、opw 和 upw，详见表 1-16。

表 1-15 数据导入函数 'pdf_info 子函数一览

名称	功能描述
pdf_info	读取 PDF 文件的基本信息，例如，何时创建、更改，版本信息，是否有密码，页数等，详见代码演示部分
pdf_text	提取文件中的所有文字或非文字信息，包括分页符、换行符
pdf_data	提取数字型数据，这个提取的结果会因 PDF 文件而异，有时可以直接将期刊中的数据完整地提取出来，有时又会因为 PDF 文档在创建时使用了不一致的分隔符而导致数据提取不完整
pdf_fonts	提取文档的字体信息

（续）

名称	功能描述
pdf_attachments	提取文档附件
pdf_toc	提取文档目录

表 1-16　数据导入函数 'pdf_info 参数详解

参数名称	功能描述
pdf	PDF 文件路径，可以是网络链接
opw	PDF 文件所有者的密码
upw	PDF 文件用户的密码

由于篇幅有限，下面的代码只截取了部分结果进行解释。这里所用的 PDF 文档是 pdftools 包的帮助文档，读者可以自行到 R 官网上搜索下载。帮助文档是开放 PDF 文件，无须提供密码。读取文档代码如下：

```
> library(pdftools)
> pdf_info(pdf = "./helpDocs/pdftools.pdf")
## $version
## [1] "1.5"
##
## $pages
## [1] 5
...
```

当使用 pdf_text 提取文档内容时，全部内容都被提取为一个字符串向量，每页的内容都被单独放置于一个字符串中。帮助文档的 PDF 格式一共包含 5 页，所以这里会得到一个长度为 5 的字符串向量。有两种方式可用于查看提取的文本：可以直接将结果显示在 console 中（通过执行 print(text) 或直接运行 text)，也可以通过“[ ]”来指定显示某一页的内容。空白的位置都会以空格的字符格式显示，“\r\n”代表换行符号。提取文档内容的代码如下：

```
> text<- pdf_text("./helpDocs/pdftools.pdf")
> length(text)
## [1] 5
> class(text)
## [1] "character"
> text[1]
## [1] "                                              Package 'pdftools' \r\n
```

```
May 27, 2018\r\nType Package\r\nTitle Text Extraction, Rendering and
Converting of PDF Documents\r\nVersion 1.8\r\nDescription Utilities
based on 'libpoppler' for extracting text, fonts, attachments and\r\n
```

该文档无附件，所以会显示一个空列表：

```
> pdf_attachments(pdf = "./helpDocs/pdftools.pdf")
## list()
```

文档中一共包含了6种字体，pdf_fonts会给出字体的名称、类型、是否嵌入文档中这三类信息，具体如下：

```
> pdf_fonts(pdf = "./helpDocs/pdftools.pdf")
##                                      name  type embedded file
## 1          DSHWTW+NimbusRomNo9L-Medi type1     TRUE
## 2          UTHPMJ+NimbusRomNo9L-Regu type1     TRUE
## 3            DSQFGA+Inconsolata-zi4r type1     TRUE
## 4              LVIJIF+NimbusSanL-Regu type1     TRUE
## 5 DQRZJT+NimbusRomNo9L-Regu-Slant_167 type1     TRUE
## 6       YIECHJ+NimbusRomNo9L-ReguItal type1     TRUE
```

目录读取的子函数会将所读取的内容返回到一个列表中，如果直接将该列表显示在console中很可能会让人感觉不知所云，读者可以自行实践。最好的办法是将读取的内容使用jsonlite包转换成json列表的格式进行显示，以帮助理解文档的架构。jsonlite包的相关内容详见1.7节。jsonlite包转换成json列表的示例代码如下：

```
> jsonlite::toJSON(x = pdf_toc(pdf = "./helpDocs/pdftools.pdf"), pretty =
    TRUE)
## {
##   "title": "",
##   "children": [
##     {
##       "title": "pdf_info",
##       "children": []
##     },
##     {
##       "title": "pdf_render_page",
##       "children": []
##     },
##     {
##       "title": "Index",
##       "children": []
##     }
```

```
##    ]
## }
```

1.7 jsonlite——JSON 文件

JavaScript Object Notation（JSON）通常是作为不同语言之间互相交流信息的文件，JSON 文件不但节省存储空间，其简洁明了的形式也很容易理解。jsonlite 包既能够完整地将 JSON 格式的文件完整地解析和读取到 R 语言中来，也可以将任何常见的 R 对象（object）输出成 JSON 格式。在 1.6 节中，toJSON 函数可用来将 PDF 文档目录转换成 JSON 格式，以便于理解各层级之间的关系。

读取 JSON 文件的 fromJSON 函数共包含 6 个参数，通常情况下，除了指定文件路径之外，其他参数使用默认设置即可。表 1-17 中列出了该函数的参数及功能描述。

表 1-17　数据导入函数 fromJSON 参数详解

参数名称	功能描述
txt	可以是一段 JSON 格式的字符串，网络链接或者文件路径加文件名
simplifyVector	将有序数组中的原始值强制转置成原子向量，可以简单理解为只保留数据，有真假两种设置，默认为真，如果设置为假，则数据会被读取为一个列表，列表中会包含子列表，子列表中会列出变量名和相应的数据值。详见代码演示部分
simplifyDataFrame	将 JSON 数组中的记录强制转换成数据集（data frame）
simplifyMatrix	将 JSON 数组中的向量强制转换成矩阵或数组
flatten	自动将嵌套的数据集转换成非嵌套的平面数据集
…	设置显示方法

首先以 JSON 常见的数组形式创建一个字符串向量，保存为 example。中括号代表数组的起始，双引号中代表值，值与值之间以逗号进行分隔，然后再用单引号将这一数组格式保存到字符串向量中。因为 example 中的数组是按照 JSON 格式输入的，所以直接使用 fromJSON 函数即可。在默认的参数设置下，可以得到一个包含 4 个值的 R 对象——字符串向量。运行 fromJSON 前后的这两个字符串向量，虽然名字一样，但内容完全不同，感兴趣的读者可以单独运行 example 来对比其区别所在。formJSON 示例代码如下：

```
> example <-  '["a", "b", 0, "c"]'
> fromJSON(example)
## [1] "a" "b" "0" "c"
```

当参数 simplifyVector 被指定为假时，返回结果为一个包含 4 个元素的列表。4 个元素即代表共有 4 个值，每一个值都以列表的形式返回。当 JSON 格式的原始数据文件有多重嵌套时，可以通过设置参数来查看数据结构和正确读取数据。不过，一般情况下还是建议读者使用非嵌套数据来练习和使用 R 语言与 JSON 格式数据进行交互，待有一定了解后再提高难度。返回结果如下：

```
> fromJSON(example,simplifyVector = F)
## [[1]]
## [1] "a"
##
## [[2]]
## [1] "b"
##
## [[3]]
## [1] 0
##
## [[4]]
## [1] "c"
```

1.8　foreign package 统计软件数据

在世界范围内，开源的数据分析工具正在逐步取代传统数据分析软件，例如 SAS、SPSS。在这一过程中，foreign 包可以让我们无缝连接以传统分析软件格式保存的数据。该包也是集读取和写入于一体。因为开源统计分析软件在世界范围内不可逆转的上升势头，传统分析软件的使用频率越来越低，其数据格式也渐渐被边缘化，本节只列出读取相应拓展名所需的函数（表 1-18）以备读者不时之需，而不会做进一步的代码演示。

表 1-18　数据导入程序包 foreign 中数据读取函数及对应读取文件一览

文件拓展名 / 文件类型	对应读取函数
.xpt	lookup.xport
ARFF files	read.arff
.dbf	read.dbf
Stata Binary Files	read.dta
.rec	read.epiinfo
.mtp	read.mtp

（续）

文件拓展名 / 文件类型	对应读取函数
.sav	read.spss
.syd	read.systat

1.9　本章小结

本章我们着重讨论了常见的平面文件和 Excel 文件的读取，包括在处理规则数据及不规则数据时函数和参数的选择。同时，本章还介绍了其他文件格式的读取，以及相应函数的参数设置。图 1-2 总结了本章讨论过的主要程序包，希望读者在日常练习和工作中遇到不同格式的文件时，能够瞬间反应出读取该格式所需的包及对应的函数。

第 2 章将会帮助读者点亮数据分析中的第二个关键步骤——数据清理。

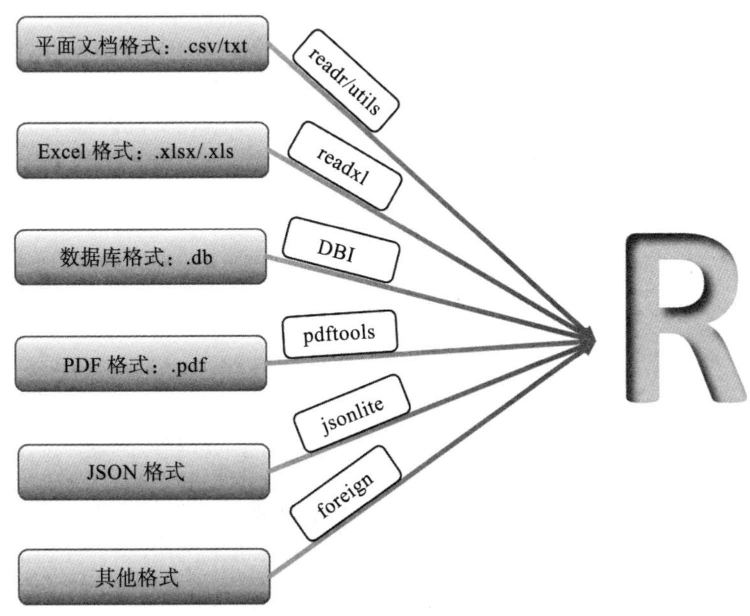

图 1-2　不同格式的数据文件读取所用的 R 包

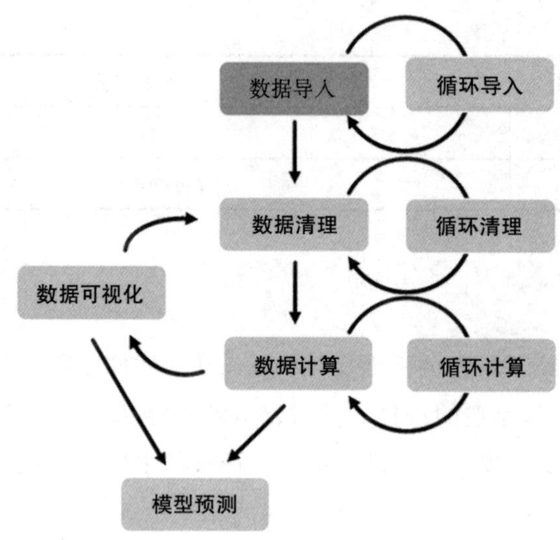

第 2 章

数据清理工具

无论是人工还是传感器采集的数据，都或多或少地存在一些错误或者瑕疵。比如说，不同采样人员记录数据方式的不同会导致数据值重复或不准确，录入数据时的失误会导致数据输入错误，传感器断电会造成大段的数据默认，不同国家和地区对时间日期制式的不同标准等，各种各样的原因造成数据无法直接用来分析、可视化的情况非常普遍。一般来讲，在从数据收集到最后报告的整个 过程中，数据清理会占用整个流程 80% 的时间[⊖]。如此耗时的原因是数据清理并非一次性工作，数据清理、计算、可视化是一个动态的循环，根据分析需求的不同，需要应用不同的清理思路和方式。例如，对于默认值的

⊖ Dasn T，Johnson T（2003）.Exploratory Data Mining and Data Cleaning. John Wiley & Sons.

处理，在探索性数据分析阶段，一般都会尝试各种不同的处理方式，完全移除、部分移除或替换成其他数值，并参考分析的目的来决定如何清理默认值。

本章会向读者分享数据清理的一些基本原则，作为框架来指导数据清理工作，以帮助读者逐步形成一套属于自己的数据清理思路。本章还将重点介绍如何使用 tibble、tidyr、lubridate 和 stringr 这 4 个包来进行数据清理。希望读者在浏览过本章之后，会对以下 3 点有所了解。

1）“脏”数据和“干净”数据的标准是什么。

2）数据清理的指导原则。

3）可以使用的工具包。

2.1 基本概念

“脏”数据没有任何标准，只要是不能满足分析要求的数据集都将打上“脏”的标签。所以弄清楚与之相对的“干净”数据可以使我们更容易理解数据清理的概念。目前国际上公认的“干净”数据可以总结为如下 3 点[⊖]。

1）属性相同的变量自成一列。

2）单一观测自成一行。

3）每个数据值必须独立存在。

表 2-1 中显示的数据不符合第 1 条原则，因为男、女都属于性别，所以可以归为一个变量，归为一个变量后如表 2-2 中所示。但表 2-2 中显示的数据不符合第 3 条原则，因为体重和年龄两个变量放在了同一列中，虽然用反斜杠分隔后，人类按常识很容易理解，但计算机并不会懂，其只会将两列本来是数字类型的数据当成是字符串来处理。表 2-3 中展示了一个 3 条原则都不满足的样本数据集，在完成清理之前，计算机无法对表 2-3 中的数据进行任何有效的数据分析。

表 2-1 “脏”数据样本一

序号	男	女
1	70	NA
2	NA	60
3	NA	55
4	NA	58
5	80	NA
6	85	NA

⊖ 引自《R for Data Science》(https://r4ds.had.co.nz/tidy-data.html)。

表 2-2 “脏”数据样本二

序号	性别	年龄 / 体重
1	男	70/23
2	女	60/25
3	女	55/26
4	女	58/22
5	男	80/23
6	男	85/30

表 2-3 “脏”数据样本三

	1	2	3
男	70/23	80/23	85/30
女	60/25	55/26	58/22

表 2-4 中列出了清理后的数据集。对单一数据清理的第一个指导原则就是，按照上文介绍的 3 点将数据集清理成相应的形式。第 2 个原则需要按照实际需求进行，表 2-5 中的数据集是将“宽”数据（一般指多个同类或不同类型变量并存）转换成了“长”数据（同类型变量单独成列）。“宽”数据更符合人们日常对 Excel 格式数据的理解，而“长”数据对计算机来讲则更易进行数据存储和计算，在 R 环境中，计算“长”数据的速度优于“宽”数据。将表 2-4 中的数据转换成表 2-5 的形式只需一个函数 gather，相关内容详见 2.3 节。

表 2-4 “干净”数据样本一

序号	性别	value	年龄
1	男	70	23
2	女	60	25
3	女	55	26
4	女	58	22
5	男	80	23
6	男	85	30

表 2-5　“干净”数据样本二

序号	性别	key	value
1	男	体重	70
2	女	体重	60
3	女	体重	55
4	女	体重	58
5	男	体重	80
6	男	体重	85
1	男	年龄	23
2	女	年龄	25
3	女	年龄	26
4	女	年龄	22
5	男	年龄	23
6	男	年龄	30

数据清理的第三个指导原则同样需要视情况而定，不同来源的数据应单独成表，独立存在。比如，元数据（解释变量名称或数据背景的数据，英文为 metadata）与原始数据应同时存在一个文件或一个工作表中（参考第 1 章不规则数据读取）。简单来说，元数据通常会包含坐标、指标的具体含义等解释性信息，这类信息不应与原始数据本身同时存在一个数据集中，而应单独成为一个数据集，只在需要解释原始数据本身时才调用元数据。

2.2　tibble 包——数据集准备

解决问题需要首先了解问题所在，对症下药。tibble 包的存在就是为了给数据清理及后续的分析提供一个最佳的起点。tibble 既是 R 包的名字也是数据在 R 中的一种存储格式。可以将 tibble 包理解为 R 中最常见的 data.frame（数据框）格式的升级版。像下列代码所示，如果使用 read.csv 读取数据，那么数据会被存储在 data.frame（数据框）格式中。但是当调用 read_csv 时，数据就会存在三种适用格式：tbl_df、tbl 和 data.frame。因为 tibble 和 readr 包都源自于 Hadley 的 tidy 系列，所以使用 readr 包时自动植入了 tibble（以下简称 `tbl`）的数据格式。那么，问题来了，为什么非要使用这个格式呢？

```
> iris <- read.csv("./RawData/iris.csv",stringsAsFactors = F)
> class(iris)
## [1] "data.frame"
> iris <- read_csv("./RawData/iris.csv")
```

```
> class(iris)
## [1] "tbl_df"     "tbl"        "data.frame"
```

2.2.1 为什么使用 tibble

tbl 格式作为老旧的 data.frame 升级版，主要包含如下三点优势。

1）稳定性更好，可完整保存变量名称及属性。

2）更多的信息展示、警示提醒，有利于及时发现错误。

3）新的输出方式使得浏览数据时，屏幕的利用率极佳。

因为 R 语言已经诞生了将近 20 年，很多早期的函数都是围绕 data.frame 格式写就的，当调用这类函数时，“新兴”的 tbl 格式可能会出现不兼容的情况，这也是 tbl 格式目前被发现的唯一缺陷。

tbl 格式的第一条优势需要读者在使用过程中对比两种格式的差异才会有直观感受，简单来讲就是，传统的 data.frame 在处理变量名称时，有时会悄悄改动名称以满足自身要求，这往往会给用户带来一些意料之外的错误。请看以下的例子。

```
> data.frame('x + y' = 1:5)
> tibble('x + y' = 1:5)
```

两行代码分别使用函数 data.frame 和 tibble 创建了一个传统的数据框格式（见表 2-6），以及一个 tbl 格式的数据框（见表 2-7）。代码中定义的数据变量名称为“x+y”，但在 data.frame 格式中被修改成了“ x...y”。大部分情况下，这种默认的修改是数据框格式的一种自我保护机制，目的是为了后续计算时引用变量名不会产生歧义。但是这种保护机制同时会与编程数据分析的另一项基本原则发生冲突，即常量输入等于常量输出(这里的常量可以理解为变量名)，除非用户主动修改，否则其名称应保持一致。至于如何选择，就需要读者自行决断了。

表 2-6 传统数据框格式对变量名的处理

x…y
1
2
3
4
5

表 2-7　tibble 格式对变量名的处理

x + y
1
2
3
4
5

第 1 章中提到查看 data.frame 中的变量类型时，通常需要调用 str 函数。但是在 tbl 格式中，无须调用任何函数，直接输入数据集名称即可查看相关信息。默认情况下，tbl 格式会根据 console 窗口的大小，自动调整显示的内容。内容会包含数据格式、列总数、行总数、变量名称和类型，以及无法完全展示部分的变量信息。有一定 data.frame 使用经验的读者肯定知道，对于不调用 str 函数直接在 console 中运行 data.frame 格式的数据集，R 会将小于 1000 列 ×1000 行的所有内容都显示出来，而且其中还不包括变量属性等信息。tbl 格式查看数据集相关信息的示例代码如下：

```
> iris
# A tibble: 50 x 12
    Sepal.L..Setosa Sepal.W..Setosa
             <dbl>           <dbl>
1            5.10            3.50
2            4.90            3.00
3            4.70            3.20
4            4.60            3.10
5            5.00            3.60
6            5.40            3.90
7            4.60            3.40
8            5.00            3.40
9            4.40            2.90
10            4.90            3.10
# ... with 40 more rows, and 10 more variables:
#   Petal.L..Setosa <dbl>,
#   Petal.W..Setosa <dbl>,
#   Sepal.L..Versicolor <dbl>,
#   Sepal.W..Versicolor <dbl>,
#   Petal.L..Versicolor <dbl>,
#   Petal.W..Versicolor <dbl>,
#   Sepal.L..Virginica <dbl>,
#   Sepal.W..Virginica <dbl>,
#   Petal.L..Virginica <dbl>,
#   Petal.W..Virginica <dbl>
```

2.2.2 创建 tbl 格式

在练习使用 tibble 时，可以通过函数 tibble 或 tribble 来创建新的数据框。tibble 函数创建新数据框的方法与 baseR 中 data.frame 函数的方法一致。等号左边为变量名称，右边为相应的数据值，不同变量之间以逗号相隔。下面的代码创建了一个包含变量 a 和 b 的数据框，变量 a 包含 6 个值，分别为数字 1 到 6，变量 b 为 a 列中的值乘以 2，因此同为 6 个数值。<int> 代表 integer（整数），<dbl> 代表 double（浮点型）数据类型。创建数据框的代码如下：

```
> library(tibble)
> tibble(a = 1:6,b = a*2)
# A tibble: 6 x 2
      a     b
  <int> <dbl>
1     1    2.
2     2    4.
3     3    6.
4     4    8.
5     5   10.
6     6   12.
```

tribble 函数比较适合用来创建小型数据集，可以采用常规 excel 表中数据分布的格式，直接手动输入数据，变量名称以“～”起始，逗号结束，数据值以逗号分隔。下面的代码即用来生成表 2-2 的。该函数在特定情况下会显得非常实用，比如，用来解释变量（或指标）和因子水平的元数据一般都会杂乱无章，使用软件清理既费时又费力，但当通过肉眼能够很容易提取到关键信息时，直接使用 tribble 函数手动生成变量和因子水平对照表会更高效。

```
 > tribble(
~id, ~gender, ~weight, ~age,
1,   "男",     70,      23,
2,   "女",     60,      25,
3,   "女",     55,      26,
4,   "女",     58,      22,
5,   "男",     80,      23,
6,   "男",     85,      30
)
```

2.2.3 as_tibble——转换已有格式的数据集

在转换数据的格式之前，可以使用 is_tibble 来测试目标对象是否已是 tbl 格式，该函数只需要对象名称这一个参数即可。

可以通过 as_tibble 函数将对象已有的格式（vector、matrix、list 和 data.frame 等）转换成 tbl。表 2-8 中列出了常见对象格式的转换注解。

表 2-8　常见 R 对象与 tibble 格式的转换注解

对象格式	解　释
vector（向量）	将 vector 格式转换成“tbl”格式，可以理解成在 Excel 表中，将一行数据转置成按列进行排放
matrix（矩阵）	将矩阵转换成“tbl”。这里需要注意的是，矩阵格式的对象通常会有 rownames（行名），as_tibble 的默认设置是去除行名，如需保留行名，则需要指定参数 rownames = NA 来实现
data.frame（数据框）	将传统数据框转换成“tbl”。这里会默认保留 data.frame 中原有的行名，若想移除行名，则需指定参数 rownames = NULL
list（列表，数据）	将列表转换成“tbl”。这里必须注意的是，列表中的每个 element（要素）都必须要有相同数量的数据值。例外的情况是，当一个列表中，一个或多个要素只有一个数值时，该数值会按照最长要素的长度自动循环补齐，具体请看代码演示

下面通过具体的代码来说明使用 as_tibble 函数将常见的 R 对象转换成 tibble 格式的具体方法。

（1）as_tibble 函数直接将 vector 格式转换成数据框格式

1）随机设置一组向量，保存为 y。

2）检视向量 y。

3）调用 as_tibble 函数直接转换，并将结果显示到 console 中。

实现代码具体如下：

```
> y <- 1:3
> y
## [1] 1 2 3
> as_tibble(x = y)
```

向量转换成 tibble 格式的结果如表 2-9 所示。

表 2-9　向量被转换成 tibble 格式后结果

value
1
2
3

（2）矩阵格式转换

首先创建一个名为b的示例矩阵，矩阵按照行排列数字1到9，行数和列数同为3，行名为“Row1”“Row2”“Row3”，列名为“col1”“col2”“col3”。表2-10中显示了移除行名——设置rownames = NULL的结果，表2-11为保留行名设置rownames = NA的结果。

实现代码具体如下：

```
> b <- matrix(data = 1:9,nrow = 3,ncol = 3,byrow = T,dimnames = list(paste0
   ("Row",1:3),paste0("col",1:3)))
> b
    ##      col1 col2 col3
## Row1     1    2    3
## Row2     4    5    6
## Row3     7    8    9
    > as_tibble(x = b,rownames = NULL)
    > as_tibble(x = b,rownames = NA)
```

表2-10　函数as_tibble中参数rownames设置为NULL的结果

col1	col2	col3
1	2	3
4	5	6
7	8	9

表2-11　函数as_tibble中参数rownames设置为NA的结果

	col1	col2	col3
Row1	1	2	3
Row2	4	5	6
Row3	7	8	9

（3）传统数据框格式转换

传统数据框格式转换与转换矩阵格式基本相同，读者可以自行试验。

（4）列表格式转换

列表格式转换一定要注意列表中要素的长度，即每个要素中所拥有的数值个数。

下面的代码创建了一个名为“l”的列表，列表中包含了三个要素，分别是a、b和c。其中，要素a包含三个数值，要素b包含三个字母数值，要素c只有一个数字，创建列表的代码如下：

```
> l <- list(a = 1:3,b = letters[2:4],c = 1)
> l
## $a
## [1] 1 2 3
##
## $b
## [1] "b" "c" "d"
##
## $c
## [1] 1
```

执行函数 as_tibble 可以毫无压力地将该列表转换成“tbl”格式，每个要素单独成为一个变量，原列表中的要素 c 中的数值将被重复使用三次以对应其他变量的长度。如果要素 c 的长度为 2，即包含两个数值，那么转换会失败。as_tibble 函数代码如下：

```
> as.tibble(x = l)
```

表 2-12 显示的是列表转换成功后的结果。

表 2-12　列表格式转换为 tibble 格式结果

a	b	c
1	b	1
2	c	1
3	d	1

tibble 包中另一个可以转换数据格式的函数是 enframe 函数。该函数的优势在于格式转换时可对向量数据进行编号。以一个长度为 3 的数值向量为例，运行该函数之后，会得到一个拥有两个变量，每个变量包含三个数值的数据框，第一个变量名为“name”，是对数值向量的对应编号。

2.2.4　add_row/column——实用小工具

在微软的 Excel 中，用户可以随意插入或者删除一行 / 列数据，add_row/column 函数也为 R 用户提供了类似的功能。使用 baseR 来完成新增列的需求相对来说很简单。下面的代码首先创建了一个“tbl”，然后使用“$”来为数据新增一列名为“k”的变量，变量的数值为 3、2、1：

```
> f <- tibble(i = 1:3,j = c("John","Sam","Joy"))
```

```
> f
## # A tibble: 3 x 2
##        i j
##   <int> <chr>
## 1      1 John
## 2      2 Sam
## 3      3 Joy
> f$k <- 3:1
> f
## # A tibble: 3 x 3
##        i j         k
##   <int> <chr> <int>
## 1      1 John      3
## 2      2 Sam       2
## 3      3 Joy       1
```

在数据框的末尾加入一行新数据也可以实现新增列的功能，不过该功能需要读者对 R 的基本理论有一定的理解。如下代码所示，延续数据框“f”，配合使用函数“[”和“nrow”可在数据框的末尾新增一行数据。“nrow”的功能是计算对象的行数。

```
> f[nrow(f)+1, ] <- c(4,"Jon",0)
> f
## # A tibble: 4 x 3
##   i     j     k
## * <chr> <chr> <chr>
## 1 1     John  3
## 2 2     Sam   2
## 3 3     Joy   1
## 4 4     Jon   0
```

小知识

中括号紧跟在数据框后面，可以作为索引来选择数据框中的特定数值。逗号前面为行索引，后面为列索引：[行 , 列]。读者可以试着配合“ncol”函数，以类似新增行的方式来为“f”新增一列。

---

tibble 包中这两个实用的小函数，可以随时随地任意新增行列数据到指定位置，而不是像 baseR 中的命令那样只能在数据尾部或已有变量后面新增行或列，在还不是很熟悉 R 的各种符号代码之前，这两个函数是可以帮助用户快速有效地解决实际问

题的。

下面的代码为“f”又新增了一行数据，不过因为这里仅指定了两个变量的值，所以对于未指定的部分，系统将自动填入默认值，具体代码如下：

```
> add_row(f,i = 4,j = "Jon")
## # A tibble: 5 x 3
##   i     j     k
##   <chr> <chr> <chr>
## 1 1     John  3
## 2 2     Sam   2
## 3 3     Joy   1
## 4 4     Jon   0
## 5 4     Jon   <NA>
```

在第三行之前插入一行新数据，代码如下：

```
> add_row(f,i = 4,j = "Jon",.before = 3)
## # A tibble: 5 x 3
##   i     j     k
##   <chr> <chr> <chr>
## 1 1     John  3
## 2 2     Sam   2
## 3 4     Jon   <NA>
## 4 3     Joy   1
## 5 4     Jon   0
```

第一行之后插入新数据，代码如下：

```
> add_row(f,i = 4,j = "Jon",.after = 1)
## # A tibble: 5 x 3
##   i     j     k
##   <chr> <chr> <chr>
## 1 1     John  3
## 2 4     Jon   <NA>
## 3 2     Sam   2
## 4 3     Joy   1
## 5 4     Jon   0
```

在第一列之后插入新变量，代码如下：

```
> add_column(f,l = nrow(f):1,.after = 1)
## # A tibble: 4 x 4
##   i         l j     k
```

```
##    <chr> <int> <chr> <chr>
## 1 1         4 John  3
## 2 2         3 Sam   2
## 3 3         2 Joy   1
## 4 4         1 Jon   0
```

2.3 tidyr——数据清道夫

2.3.1 为什么使用 tidyr

tidyr 包作为整个 tidy 系列里的支柱之一，可以称为目前最容易上手的数据清理和数据操控工具。开发者 Hadley 汲取了前作 reshape 和 reshape2 包中的精华，并最大限度地考虑到新用户的使用习惯，用精简的人类语言创造了 tidyr 包。根据笔者的使用经验，使用 tidyr 包进行数据清理的优势在于以下 4 点。

1）简洁直观的函数名称，可读性极强——易上手。

2）默认设置可以满足大部分使用需求，无须时刻参考帮助文档——易使用。

3）不同函数中的参数设置结构清晰——易于记忆。

4）处理数据过程中完整保留了变量属性及数据格式——不易出现未知错误。

本节将通过介绍 tidyr 包中最重要的几个函数来为读者展示 tidyr 包在数据清理和数据操控上的优势，并将通过代码演示来介绍其基本的使用方法。

2.3.2 gather/spread——“长”“宽”数据转换

1. gather——“宽”变“长”

2.1 节讨论了“宽”数据格式的弊端，所以推荐将数据转换成“长”数据——全部变量名称为一列，相关数值为一列。gather 函数因此而生。图 2-1 所示的示例用箭头标识出了数据由“宽”变“长”的具体路线。在理想情况下，整洁的数据框应为如图 2-1a 所示的格式，因子水平一列（性别），变量（或指标）一列，剩余所有数值型数据一列。

读者可以使用 2.2.2 节中介绍的 tribble 函数来构建如图 2-1b 所示的“脏”数据框，然后使用以下代码实现从“脏”和“宽”的形式到“干净”和“长”的转换。在代码清单 2-1 中，笔者将“脏”数据保存在名为 df 的数据框中（此处略去创建数据集的代码），然后使用管道函数“ %>%”，将 df 传递给 gather 函数（中文释义见表 2-13），因为管道函数的存在，所以无须重新引用 df，而以“ .”来代替，指定指标列为 key，数值列为

value，保留序号列（保留列需要使用负号加列名的形式进行设置），并移除默认值。之后会得到一个中间产物数据框，该数据框指标列中的“性别”和指标虽然以空格分隔开，但仍然在一列中，不满足“干净”数据的原则。所以再次使用管道函数将中间产物的数据框，传递给函数 separate（详见 2.3.3 节），将 key 列拆分成两列，分别为性别和 key，此时的数据库便如图 2-1a 所示。

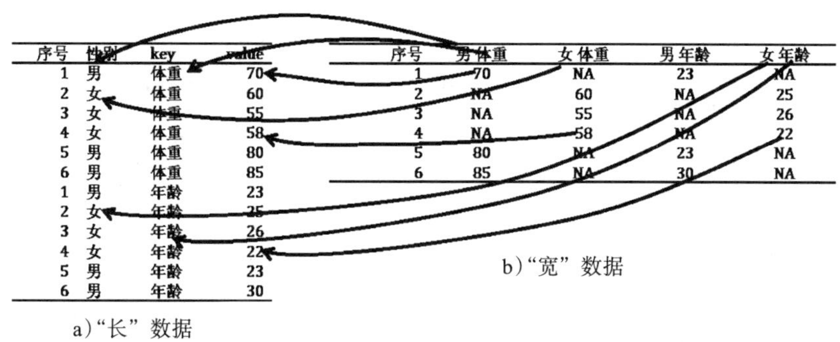

a)“长”数据

序号	性别	key	value
1	男	体重	70
2	女	体重	60
3	女	体重	55
4	女	体重	58
5	男	体重	80
6	男	体重	85
1	男	年龄	23
2	女	年龄	25
3	女	年龄	26
4	女	年龄	22
5	男	年龄	23
6	男	年龄	30

b)“宽”数据

序号	男体重	女体重	男年龄	女年龄
1	70	NA	23	NA
2	NA	60	NA	25
3	NA	55	NA	26
4	NA	58	NA	22
5	80	NA	23	NA
6	85	NA	30	NA

图 2-1 “宽”数据变“长”数据示意图

代码清单2-1 gather和separate函数基本使用示例

```
> df %>%
gather(data = .,key = key, value = value, ... = -序号, na.rm = T) %>%
separate(data = .,key, into = c("性别","key"))
```

小知识

上述代码中的“%>%”为 'magrittr' 包中的 forward-pipe operator，中文可以理解为管道函数。该函数能够与 'tidyverse' 内的所有函数完美结合使用，且易于理解记忆。有兴趣的读者可以尝试运行指令“?'%>%'”来查看具体的英文帮助。

因为 tidy 系列中各个的函数的结构非常简洁清晰，因此当读者熟悉各种参数的位置情况之后，完全可以省略各种参数名称，而只依靠位置来进行传参，具体代码如下：

```
> df %>%
gather(key, value, -序号, na.rm = T) %>%
separate(key, c("性别","key"))
```

表 2-13　gather 函数中的参数及功能说明

参数名称	中文释义
data	数据框，接收 data.frame 和 tbl 格式
key, value	新的变量名，可以是字符串或者字符。key 参数可以为指标列设置新名称，而 value 参数则是为了设置数值所在的列名
…	需要转换的列，既可以是列名，也可以是列所在的阿拉伯数字位置，支持使用冒号来选择连续列，比如选择列 2 到列 5，指定该参数为“2 : 5”即可实现选择。也可以使用减号来实现反向选择，比如若不想选择第一列，则指定该参数为“ -1”即可达到需求。需要注意的两点是：使用列名的时候是不需要双引号的；默认设置为选择所有列并进行转换
na.rm	对默认值的处理。默认设置为保留默认值，可以设置为真来移除默认值
convert	该参数可用于引用 utils 中的 type.convert 函数。默认设置为假，即不引用，若设置为真，则会引用 type.convert 函数，对变量名称进行属性转换，具体转换规则请参看函数帮助
factor_key	新指标列中的指标是否转换成因子，默认设置为假，即不设置成因子，若设置为真则转换为因子

2. spread——“长”数据变“宽”

函数 spread 是 gather 函数的逆向函数，即将“长”数据转换成“宽”数据。图 2-2 简要展示了函数的执行规则，将 key 列中的变量单独拆分成新列，value 列中与变量中对应的数值同样会按规则进行放置。读者可以参考表 2-14 中的中文释义自行练习代码。

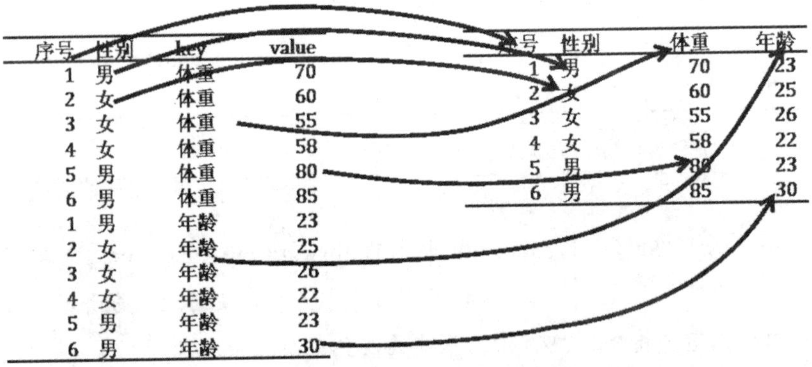

序号	性别	key	value
1	男	体重	70
2	女	体重	60
3	女	体重	55
4	女	体重	58
5	男	体重	80
6	男	体重	85
1	男	年龄	23
2	女	年龄	25
3	女	年龄	26
4	女	年龄	22
5	男	年龄	23
6	男	年龄	30

序号	性别	体重	年龄
1	男	70	23
2	女	60	25
3	女	55	26
4	女	58	22
5	男	80	23
6	男	85	30

图 2-2　“长”数据变“宽”数据示意图

表 2-14　函数 spread 参数及功能说明对照表

参数名称	中文释义
data	数据框，接收 data.frame 和 tbl 格式
key, value	参数 key 是想要作为变量名称的列，表 2-5 中的 key 列中含有可以作为变量名称的“指标”。 参数 value 是与变量名相对应的数值。 两个参数可以是字符串或者数字位置

（续）

参数名称	中文释义
fill	可以指定该参数来填补默认值，默认设置为以 NA 填补空白
convert	该参数可用于引用 utils 中的 type.convert 函数。默认设置为假，即不引用；若设置为真，则会引用 type.convert 函数，对变量名称进行属性转换，具体转换规则请参看函数帮助
drop	是否保留对转置后的数据中的因子水平，默认为真——仅保留有具体数值的因子水平，若为假，则保留全部因子水平，即使有一个或多个因子水平无真实数值
sep	是否对拆分后的列进行前缀重命名

2.3.3 separate/unite——拆分合并列

2.3.2 节中展示了函数 separate 的具体用法，该函数完全可以理解为是 Excel 中的拆分列，该函数无法对一个单独的数值位置进行操作。表 2-15 介绍了其所包含的参数及中文释义。unite 函数则是其相对的逆向函数。

表 2-15 函数 separate 参数及功能说明对照表

参数名称	中文释义
data	数据框，接收 data.frame 和 tbl 格式
col	需要拆分的列名或数字位置，无须双引号
into	想要分成的列名，必须是字符串向量，详解见 2.3.4 节中代码演示
sep	分隔符。接收正则表达式，也可以利用数字位置进行拆分，正 1 代表从左边第一位置开始拆分，负 1 则为从右起第一位置开始，利用数字位置进行变量拆分时，该参数的长度应该比参数 into 少一位
remove	是否保留原列，默认为真，即拆分后移除原列
convert	该参数可用于引用 utils 中的 type.convert 函数。默认设置为假，即不引用；若设置为真，则会引用 type.convert 函数，对变量名称进行属性转换，具体转换规则请参看函数帮助
extra	当遇到拆分列中数据的长度不相等的情况，有以下 3 种处理方式。 1）默认设置为丢掉多余的数值，并发出警告。 2）设置为“drop”时，丢掉多余的数值但不发出警告——强烈不推荐使用。 3）设置为“merge”时，仅拆分成参数 into 中指定的列数，但是会保留多出的数据
fill	同为处理拆分列中数据长度不等的情况，与 extra 处理的方式相反，fill 的 3 种处理方式如下。 1）默认设置为发出警告，提示拆分列中数据长度不相等，并提示具体是哪一行数据不等，以 NA 来替补。 2）设置为“right”时，表示从右侧开始填补 NA。 3）设置为“left”时，表示从左侧开始填补 NA
...	额外参数设定

2.3.4 replace_na / drop_na/——默认值处理工具

一旦明确了默认值的替代方式，replace_na 和 drop_na 两个函数就可以通过对指定列的查询来将 NA 替换成需要的数值，例如，去掉所有存在默认值的观察值。表 2-16 中列出了函数的功能简介及使用时应注意的事项。读者可以参照帮助文档中的例子结合表 2-16 中的提示来自行练习这两个函数的功能。

表 2-16 函数 replace_na 和 drop_na 对比

函数名称	功能简介	使用注意事项
replace_na	按列查询并替换默认值	只有两个参数需要设置，data 参数为所需处理的数据框，replace 参数可用来指定查询列及 NA 值的具体处理方式。参数 replace 只接收列表格式，所以后面必须使用 list() 函数将列名及替换值列表化，列表内是以等号分隔列名和替换值，左侧为列名，右侧为值，不同列之间以逗号相隔
drop_na	按列去除默认值，与 baseR 中 na.omit 函数的功能类似	可以指定列名来去掉默认值 NA，也可以不指定任何列名来去掉所有默认值。必须要注意的一点是，当数据框中不同行不同列中都有默认值的情况时，使用该函数可能会造成数据框中数据过少而无法进行后续分析的情况

下面的代码列出了如何使用两个函数：

```
  > df %>%
gather(key, value, -序号) %>%
separate(key, c("性别","key")) %>%
replace_na(list(value = "missing"))
  > df %>%
gather(key, value, -序号) %>%
separate(key, c("性别","key")) %>%
drop_na()
```

这里必须提醒一下读者关于默认值替换的情况，将所有默认值全部替换成 0 是很危险的行为，不推荐使用这种做法，因为 0 代表该数据是存在的，只是数值为 0，而默认值则可能代表数据不存在和存在两种情况，只是因为某些原因而导致数据采集失败。因此对默认值的处理一定要视具体情况而定。

2.3.5 fill/complete——填坑神器

在处理日期或者计算累积值的时候，如果中间有一个默认数值，则意味着值不完整或累积值无法计算。fill 函数可以自动填补默认的日期或等值，类似于 Excel 中拖动鼠标来完成单元格数值的复制或序列填充功能。complete 函数是将三个函数揉在一起，这三个函数分别为：expand、dplyr::left_join 和 replace_na。主要功能是将变量和因子的各种组合可能性全部罗列出来，并用指定的数值替代默认值部分。complete 函数在日常练习中并不常用，所以这里不做过多介绍，感兴趣的读者可以参考帮助文档进行练习。

fill 函数的参数及功能说明详见表 2-17。

表 2-17　fill 函数的参数及功能说明对照

参数名称	中文释义
data	数据框，接收 data.frame 和 tbl 格式
...	需要填补的列
.direction	两种选择，向上或者向下填补，只可以选择其中的一种，默认向下

2.3.6　separate_rows/nest/unest——行数据处理

1. separate_rows——拆分“单元格”

当遇到一个数据单位中出现多个数值的情况时，separate_rows 函数就会显得非常有用。图 2-3 中展示了最基本的函数逻辑，将一个数据单位中的不同数值按照参数进行 sep 中给出的参进行数拆分，然后将拆分之后的结果顺序地放在同一列的不同行中，并自动增加行数。

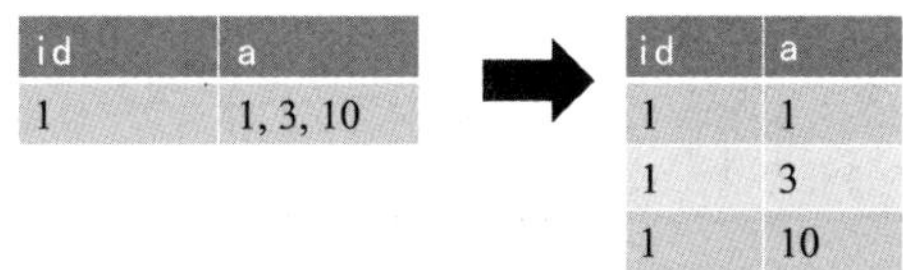

图 2-3　separate_rows 函数的工作原理示意图

separate_rows 函数的参数及功能说明详见表 2-18。

表 2-18　separate_rows 函数的参数及功能说明对照

参数名称	中文释义
data	数据框，接收 data.frame 和 tbl 格式
...	要拆分的列名，选择规则与包中的其他函数类似
sep	分隔符，默认为非字母形式的任何符号，所以使用默认设置可以处理绝大部分的情况，这也是 t 序号 yr 包的优势，对于还不是很熟悉各种参数功能的初学者来说，这些预先设置好的默认设置可以让上手变得容易，从而让用户在后续的大量实践中积累经验，慢慢了解各种复杂的参数设置
convert	同表 2-15

2. nest/unest——“压缩”和“解压缩”行数据

nest/unest 是两个互逆函数，它们最重要的功能是将一个数据框，按照用户自定义的规则，将其压缩成一个新的数据框，新的数据框中包含列表型数据。Jenny Bryan 认为这是目前最有实际操作意义的数据框形式，因为它比较符合人们对数据集形式的一般主观印象，而且数据框同时还保留了列表格式的灵活性。下面就来通过代码具体介绍 nest 函数的实现机制。

将 2.3.4 节中清理后的数据保存为 df_tidy，然后再将该数据框传递给 nest 函数，并设定压缩除性别列以外的变量。函数运行的结果是生成了一个只有两列的新数据框，变量为性别和 data，其中，data 列包含了原数据框中其他三个变量的数据（具体见表 2-19）。变量 data 列中的列表格式将三个变量存储为三个独立的元素，如果读者对两个列表中任意一个进行 as_tibble 运算，都会得到一个完整的数据框。示例代码如下：

```
> df_tidy %>%
nest(-性别)
```

上述代码运行结果如表 2-19 所示。

表 2-19　函数 nest 运行结果一

性别	data
男	list(序号 = c(1, 5, 6, 1, 5, 6), key = c(“体重” , “体重” , “体重” , “年龄” , “年龄” , “年龄”), value = c(70, 80, 85, 23, 23, 30))
女	list(序号 = c(2, 3, 4, 2, 3, 4), key = c(“体重” , “体重” , “体重” , “年龄” , “年龄” , “年龄”), value = c(60, 55, 58, 25, 26, 22))

将序号列排除在外，压缩其余变量列，代码如下：

```
> df_tidy %>%
nest(-序号)
```

上述代码运行结果如表 2-20 所示。

表 2-20　函数 nest 运行结果二

序号	data
1	list(性别 = c(“男” , “男”), key = c(“体重” , “年龄”), value = c(70, 23))
5	list(性别 = c(“男” , “男”), key = c(“体重” , “年龄”), value = c(80, 23))
6	list(性别 = c(“男” , “男”), key = c(“体重” , “年龄”), value = c(85, 30))
2	list(性别 = c(“女” , “女”), key = c(“体重” , “年龄”), value = c(60, 25))
3	list(性别 = c(“女” , “女”), key = c(“体重” , “年龄”), value = c(55, 26))
4	list(性别 = c(“女” , “女”), key = c(“体重” , “年龄”), value = c(58, 22))

单独使用 nest 函数没有任何实际价值，但是当配合循环（第 4 章）和 purrr 包（第 5 章）中的 map 函数家族时，nest 函数就会显示出强大的功能性。对 dplyr 包有一定了解的读者可以跳过第 3 章，直接查看 nest 与其他具有循环功能的函数结合使用的例子。

表 2-21 和表 2-22 中列举了 nest/unest 这一对函数的参数及功能说明。需要提醒读者一点的是，如果需要使用 unnest 函数"解压缩"两列及以上时，那么每一列中数据框的行数都必须相等，否则无法成功"解压"。

表 2-21　函数 nest 参数及功能说明对照

参数名称	中文释义
data	数据框，接收 data.frame 和 tbl 格式
...	需要拆分的列名，选择规则与包中的其他函数类似
.key	新的列名，可以是字符，或者是符号，但不推荐使用符号。不需要双引号

表 2-22　函数 unnest 参数中英文对照

参数名称	中文释义
data	数据框，接收 data.frame 和 tbl 格式
...	需要拆分的列名，选择规则与包中的其他函数类似
.drop	是否去掉格外的列？默认设置为去掉
.id	增加一列识别码，用于标识每一行数据来自的数据框，设置该参数之后，新列名即为传参值
.sep	对新列的名字进行操作，如果指定了参数，则以该值作为分隔符，将原列和压缩的数据框名结合在一起，形成新列名

2.4　lubridate 日期时间处理

2.4.1　为什么使用 lubridate

通常传感器记录的数据，是为了避免闰年导致的种种稀奇古怪的错误，纯数字形式的日期格式很常见（例如 19710101 或儒略日）。这些纯数字形式日期的可读性通常都较差，所以需要经过解析变成更易理解的格式。还有另外一种比较普遍的情况是不同国家使用不同的日期制式和时区，比如英联邦国家偏向使用"日月年"或"月日年"的形式记录日期，以及 12 小时制来表达时间，而国内则倾向使用"年月日"的形式和 24 小时制。由于以上这些情况的存在，在处理与时间有关的数值时，解析日期和时间变量往往无可避免。

对于日期时间的处理看似简单直接，但该问题却是数据分析当中与默认值处理难度相当的另一大挑战。在 lubridate 包问世之前，尽管已有其他功能强大的 R 包，诸如 zoo、chron 等，但都因为种种原因而无法达到与 lubridate 包一样简洁明了的效果。lubridate 包的出现，极大地提高了用户解析日期数据的效率，从而使得开发人员能将更多时间用于分析数据而不是微调代码本身。lubridate 包的最大优势可以总结为如下三点。

1）使用人类语言书写的编程语法，易于用户理解和记忆。

2）总结并融合了其他 R 包中的时间处理函数，并且优化了默认设置，更利于用户上手使用。

3）能够轻松完成时间日期数据的计算任务。

2.4.2　ymd/ymd_hms——年月日还是日月年？

一般情况下，ymd 及其子函数可以完整地解析以数字或字符串形式出现的日期形式，只有当日期中对不同的成分以类似双引号作为分隔符的情况，或者是对象为奇数的情况时（详见代码演示），ymd 等函数可能会无法直接进行解析，而是需要进行额外处理。ymd 函数即代表年月日，ymd_hms 函数则代表年月日时分秒。两类函数的参数名称、结构和位置完全一致，具体函数名称见表 2-23。默认时区为世界标准时间 UTC。表 2-23 中列出了两组函数所有的子函数。读者在解析时间时应当注意时区，因为北京时间比 UTC 早 8 个小时，所以是 UTC+8。所有对象经过解析后都会输出为年月日（时分秒）的标准日期格式，并且类别为“Date”。

表 2-23　lubridate 包中日期格式解析主要函数一览

日期	日期时间
ymd	ymd_hms
ydm	ymd_hm
mdy	ymd_h
dmy	dmy_hms
dym	dmy_hm
yq	dmy_h
	mdy_hms
	mdy_hm
	mdy_h
	ydm_hms
	ydm_hm
	ydm_h

lubridate 函数可以仅使用默认设置轻松解析偶数位的字符型向量，必须要注意的是，偶数位必须大于 6 位，否则会产生 NA。在下列的代码中，“2018 1 2”因为其中存在空格，所以被默认解析为 6 位。同样的逻辑也适用于解析日期时间对象。参数 tz 用于设置时区，示例代码如下：

```
> library(lubridate)
> ymd(c(20180102, "2017-01-02","2018 1 2"))
## [1] "2018-01-02" "2017-01-02" "2018-01-02"
> dmy_h(c(1802201810,"20-10-2018 24"),tz = "Asia/Shanghai")
## [1] "2018-02-18 10:00:00 CST" "2018-10-21 00:00:00 CST"
```

小提示

如果函数没有自动解析正确的时区，那么读者可以使用 Sys.timezone() 或 OlsonNames() 来寻找正确的时区，并传参设置时区。

2.4.3　year/month/week/day/hour/minute/second——时间单位提取

气象领域通常会计算若干年的月、日平均降雨量或气温等指标，这时就会涉及月和日的提取要求。lubridate 包中的函数，包含了提取从年到秒所有单位的功能。而为了方便记忆，这些函数的名称也都与相应的组件一一对应。需要读者注意的一点是，该组函数只能提取时间日期格式的对象，这些对象可以是常见的“Date”“POSIXct”“POSIXlt”“Period”等，或者是其他日期时间处理 R 包中的格式“chron”“yearmon”“yearqtr”“zoo”“zooreg”等。

下面的代码演示了最基本的使用方法，详细的参数微调可以提供一些额外的信息，读者可以自行参阅帮助文档：

```
> date <- ymd(c(20180102, "2017-02-07","20180711"))
> year(date)
## [1] 2018 2017 2018
> month(date)
## [1] 1 2 7
> week(date)
## [1]  1  6 28
> day(date)
## [1]  2  7 11
> hour(date)
## [1] 0 0 0
```

2.4.4　guess_formats/parse_date_time——时间日期格式分析

当遇到使用英文月份简写的日期，比如 24 Jan 2018/Jan 24，或者其他更糟糕的情况时，如果使用传统的 baseR 中的函数，诸如 strptime 或是 format 之类，那么用户可能会浪费很多时间去猜测和组装正确的日期时间格式，因为只有顺序和格式都正确的时候，baseR 中提供的相应函数才可以正确解析日期时间，否则就会不停地返回 NA 值。幸运的是，guess_formats 和 parse_date_time 两个函数的存在，完全颠覆了以往的解析模式，从而使得这一过程变得简单有趣。

使用这两个函数解析日期时间的大体思路具体如下。

1）执行 guess_formats 函数以用于猜测需要解析对象的可能日期时间顺序及格式，用户必须指定可能存在的格式顺序。

2）复制 guess_formats 函数的返回结果。

3）执行 parse_date_time，并将复制的内容以字符串向量的格式传参给函数。

4）若遇到解析不成功或不彻底的情况，则需要手动组建日期时间格式（组件列表请参看表 2-24），并加入到 guess_formats 中的 order 参数中。

下面的代码简要解释了 guess_formats 和 parse_date_time 两个函数配合使用以解析日期时间的流程。首先生成一个名为 example_messyDate 的练习字符串向量，然后对该向量运行 guess_formats，第二位参数 orders 中包含了可能存在的日期时间格式，并函数的返回结果中会报告匹配的顺序格式，并将报告结果复制到 parse_date_time 的第二位参数中。至此解析成功。

```
> example_messyDate <- c("24 Jan 2018",1802201810)
> guess_formats(example_messyDate,c("mdY", "BdY", "Bdy", "bdY", "bdy","dbY","dmYH"))
##         dObY          dOmYH          dmYH
## "%d %Ob %Y" "%d%Om%Y%H"  "%d%m%Y%H"
> parse_date_time(example_messyDate,orders = c("dObY","dOmYH","dmYH"))
## [1] "2018-01-24 00:00:00 UTC" "2018-02-18 10:00:00 UTC"
```

表 2-24 日期时间组组成部分解释

缩　写	中文释义
a	工作日缩写，例如 Mon、Tus 等，会根据系统语言调整显示
A	工作日全名
b or B	月份的全名或缩写，同样会根据系统语言自动决定语言模式
d	月份中的日
H	24 小时制的小时
I	12 小时制的小时
j	天

（续）

缩　写	中文释义
q	四分之一年
m	月份
M	60 分钟制中的分
p	英制上午或下午
S	秒
OS	微秒
U	美制，单位周，从每周日开始算一周，一年按 53 周算
w	一周的七天，取值范围为 0～6，0 为周日
W	英制单位周，同样为一年 53 周，但周一为每周的第一天
y	两位数的年份，取值范围为 0～99
Y	带世纪的年份，即四位数年
Om	匹配数字月份和对应的英文字母顺序
Op	匹配英制 AM/PM
r*	匹配 12 小时和 24 小时制的顺序
R*	匹配 24 小时制中的时分和 12 小时制中的时分
T*	匹配 12 小时制中的时分秒和 24 小时制中的时分秒

2.5 stringr 字符处理工具

与 Hadley 出品的其他 tidy 系列包一样，stringr 也具有同样清晰的逻辑结构和参数设置。在 stringr 包中，函数的参数很少有超过三个的情况，各个常用的函数都只需要指定两到三个参数，这极大地简化了参数设置的过程。加之参数在结构和名称上的一致性，用户很容易就能做到融会贯通。stringr 包总体来讲是将 stringi 总结并优化而来的一个包。简单的字符处理能力，可以极大地提高数据清理的效率。使用 stringr 包用户能够快速上手使用正则表达式，从而快速处理数据，同时对表达式的基本概念也能有一定的理解，为以后更复杂的任务做好铺垫。

2.5.1 baseR vs stringr

baseR 中已存在一些使用正则表达式处理字符串的函数，例如，以 grep 为母函数的一众函数，包括最常用的 gsub，等等。熟悉 Linux 系统的读者可能会觉得 grep 看起来很眼熟，这是因为R语言与其他编程语言一样，都借鉴了各种计算机语言的精华部分。表2-25列出了baseR中与字符串有关的函数及其与stringr包中相应函数的对比及小结。该表的意义在于，可以通过学习stringr包中的主要函数来帮助了解baseR包中的对应函数。因为stringr虽然简单易上手，但是在实际处理应用数据时，其在速度上会比baseR又略逊一筹，读者可以通过stringr包中的函数来练习字符处理的能力，在实际工作中使用baseR中的函数来执行具体任务。

表2-25　baseR和stringr包中字符串处理函数对比

BaseR	stringr	小　结
sub	str_replace	查询并替换第一个匹配的字符模式
gsub	str_replace_all	查询并替换所有匹配的字符模式
grep grepl	str_detect	检测指定字符串中是否存在匹配的模式，是测试正则表达式的必备函数
regexpr	str_locate	检测第一个匹配字符模式的位置并报告
gregexpr	str_locate_all	检测所有匹配字符模式的位置并报告
regmatches	str_extract/_all	检测匹配字符模式并提取成一个独立的返回值
	str_match/_all	同上

下面的代码简略演示了str_replace和str_replace_all的区别以及参数设置。首先加载stringr包，然后创建一个练习用的字符串向量example_txt。对练习对象执行str_replace函数，参数pattern被设置为“a”——意为查询“a”第一次出现的位置，参数replacement设置为符号“@”——意为使用“@”来替代字母“a”。结果可以看到只有第一个“a”被替换，字符串中其他的“a”仍被保留。但是str_replace_all会将所有符合要求的部分全部替换掉。BaseR中的sub和gsub函数逻辑与str_replace和str_replace_all相同，只是包含了格外的参数设置来满足更复杂的任务需求。感兴趣的读者可以自行尝试。示例代码具体如下：

```
> library(stringr)
> example_txt <- "sub and gsub perform replacement of the first and all matches
    respectively."
> str_replace(string = example_txt,pattern = "a",replacement = "@")
## [1] "sub @nd gsub perform replacement of the first and all matches
    respectively."
> str_replace_all(string = example_txt,pattern = "a",replacement = "@")
## [1] "sub @nd gsub perform repl@cement of the first @nd @ll m@tches
    respectively."
```

2.5.2　正则表达式基础

Regular expression（正则表达式）在目前主流的统计语言上都有应用。使用符号型字符串大规模查找和替换数据，不仅可以提高工作效率，同时还能保证规则的一致性。R 中正则表正则表达式的符号意义，请参看表 2-26。表 2-26 中列出了最常见的正则表达式基础单位，读者可以将这些符号想象成儿时乐高积木的小构件，由简到繁地慢慢组合搭配这些构件，以实现不同的数据处理目标。简单构建正则表达式请参见 2.5.3 节。

表 2-26　正则表达式符号及解释

<table>
<tr><th>符号</th><th>意　义</th></tr>
<tr><td>[:alnum:]</td><td>英文字母和数字，字母包括大写和小写</td></tr>
<tr><td>[:alpha:]</td><td>英文字母，不区分大小写</td></tr>
<tr><td>[:blank:]</td><td>空白，可以是空格、tab 或者其他会形成空白的符号</td></tr>
<tr><td>[:cntrl:]</td><td>控制符</td></tr>
<tr><td>[:digit:]</td><td>阿拉伯数字，0-9</td></tr>
<tr><td>[:graph:]</td><td>制表符，包括标点符号和字母数字</td></tr>
<tr><td>[:lower:]</td><td>小写字母，或根据 locale 调整字母查询所基于的语言</td></tr>
<tr><td>[:print:]</td><td>标点符号，数字、字母和空格键</td></tr>
<tr><td>[:punct:]</td><td>各种标点符号：! " # $ % & ' ( ) * + , - . / : ; < = > ? @ [\ ] ^ _ ' { | } ~.</td></tr>
<tr><td>[:space:]</td><td>空格键，包括 tab、分页符、垂直的 tab、回车等</td></tr>
<tr><td>[:upper:]</td><td>大写字母</td></tr>
<tr><td>[:xdigit:]</td><td>十六进制数字</td></tr>
<tr><td>^</td><td>字符起始位置</td></tr>
<tr><td>$</td><td>字符结束位置</td></tr>
<tr><td>|</td><td>或，用来构建条件选择</td></tr>
<tr><td>[ ], ^]</td><td>查询中括号内的匹配项目，如果中括号中存在“^”，则查询不包括中括号中的匹配内容</td></tr>
<tr><td>( )</td><td>分组查询，括号内为一组，可以将一个字符模式分为多组查询，然后对其中一组或多组匹配字符进行处理</td></tr>
<tr><td>.</td><td>除换行符以外的任何字符、字母、数字</td></tr>
<tr><td>?</td><td>最多匹配一次</td></tr>
<tr><td>*</td><td>至少匹配 0 次</td></tr>
<tr><td>+</td><td>至少匹配一次</td></tr>
<tr><td>{n}</td><td>匹配 n 次</td></tr>
<tr><td>{n,}</td><td>至少匹配 n 次</td></tr>
<tr><td>{n,m}</td><td>匹配 n 到 m 次</td></tr>
</table>

2.5.3 简易正则表达式创建

数据集 df 是笔者从网络上获取的一组英文期刊作者名和年份（具体见表 2-27），以此为例，简单演示正则表达式的组合过程。示例代码如下：

```
> df
```

表 2-27　练习数据集 df 内容展示

year	authors
2016	D.F. Guinto pp. 121-132
2017	W.T. Bussell and C.M. Triggs pp. 23-27
2017	A.W. Holmes and G. Jiang pp. 37-45

函数 str_view/_all 可以很直观地反映出数据内部匹配的项目。“.+”组合的意思是匹配除换行符“\n”以外的所有字符，字符至少出现一次，所以全部的字符都被匹配出来。若只希望匹配“.”，则需要使用反斜杠来告知函数，这是因为独立存在的“.”会被解析为任何除换行符以外的字符、字母和数字（见表 2-26）。所以第二行代码的意思就是匹配第一个出现的英文句号：

```
> str_view(df$authors,pattern = ".+")
  D.F. Guinto pp.121-132
  W.T. Bussell and C.M. Triggs pp.23-27
  A.W. Holmes and G. Jiang pp.37-45
> str_view(df$authors,pattern = "\\.")
  D.F. Guinto pp.121-132
  W.T. Bussell and C.M.Triggs pp. 23-27
  A.W. Holmes and G.Jiang pp. 37-45
> str_view_all(df$authors,pattern = "\\.")
  D.F. Guinto pp.121-132
  W.T. Bussell and C.M.Triggs pp. 23-27
  A.W. Holmes and G.Jiang pp. 37-45
```

匹配所有字母和数字，代码如下：

```
> str_view_all(df$authors,pattern = "[:alnum:]+")
  D.F. Guinto pp.121-132
  W.T. Bussell and C.M. Triggs pp.23-27
  A.W. Holmes and G. Jiang pp.37-45
```

小提示

str_view/_all 的返回结果会显示在 Rstuido 的 viwer 中，而不会显示在 console 中。

当处理数据较多时，str_view/_all 的速度可能会很慢，可以使用 str_detect 来检测所使用的表达式在数据中是否有匹配。该函数只返回逻辑判断，代码如下：

```
> str_detect(df$authors,pattern = "\\.")
## [1] TRUE TRUE TRUE
```

在 df 中，页码可以被归类为无用信息，所以需要清理掉。下面的代码使用了 str_replace 来将页码的部分完全替换掉。匹配模式为 "pp\\..+[:digit:]{2,3}\\-[:digit:]{2,3}"。分解这个正则表达式："pp" 匹配 "pp"；"\\." 匹配 "."；".+" 代表 "pp." 后面的任何字符串；"[:digit:] {2,3}" 代表 2 到 3 位数字；"\\-" 匹配 "-"；最后的 [:digit:]{2,3} 表示数字出现 2 到 3 位。

```
> df$authors <- str_replace(df$authors,pattern = "pp\\..+[:digit:]{2,3}\\-[:digit:]
    {2,3}",replacement = "")
> df1
```

处理后的结果显示在表 2-28 中。

表 2-28 去除页码后的演示数据集

year	authors
2016	D.F. Guinto
2017	W.T. Bussell and C.M. Triggs
2017	A.W. Holmes and G. Jiang

更复杂的正则表达式可以参看 Garrett Grolemund 和 Hadley Wickham 合著的《R for Data Science》的第 14 章，或者全面介绍正则表达式的《Mastering Regular Expressions》，Jeffrey E. F. Friedl 著。

2.5.4 文本挖掘浅析

文本（包括但不仅限于书刊）挖掘，或者更通俗地讲——自然语言处理（Nature Language Processing），是人工智能领域必不可少的一项技术。每一秒钟，世界范围内都有不计其数的新文本在以各种形式记录或保存起来。但这些以人类语言书写或录制下来的"数据"，并不像二进制的表格式数据那样容易被电脑接受并处理。如何分析人类历史中这些以文本形式保存的数据，就是文本挖掘需要解决的问题。看过《星际迷航》的读者应该会很熟悉舰长们经常说的一句台词"电脑，给我与某某事，某某东西相关的资料"。现实中，苹果的 siri 已经算是这方面很成功的商业应用模型。也有很多编程数据分析前辈，结合机器学习和自然语言处理来进行音乐创作、文献写作，等等。有关文本挖掘的详细内容已超出本书的讨论范围，所以在此仅简略地介绍文本挖掘的一般流程及可用R包，借此为感兴趣的读者提供一些继续学习的线索。在第3章中讨论完dplyr包中的一些实用函数之后，3.3节会向读者介绍一般的英文科技文献挖掘流程。

图2-4列出了文本挖掘的一般流程，大致可以总结为三个主要部分，具体如下。

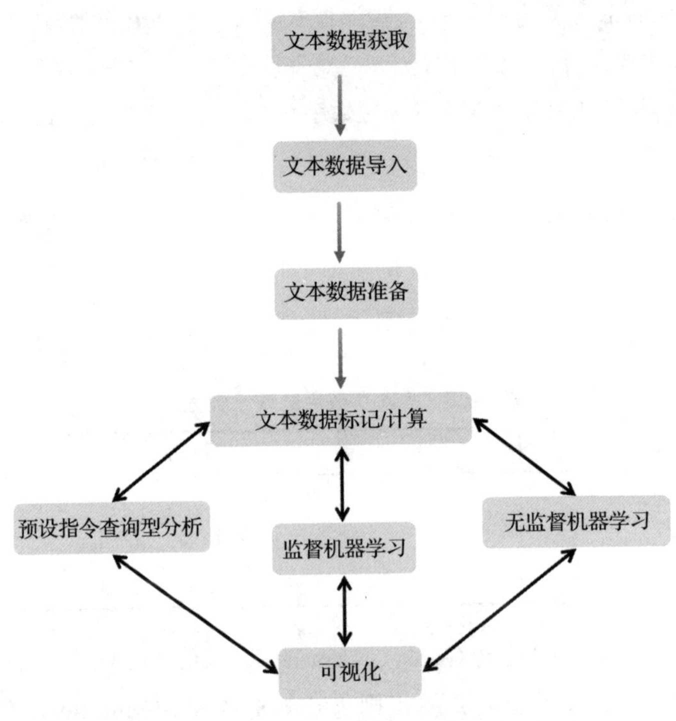

图2-4　文本挖掘的一般流程

1）文本数据的获取。

2）文本数据的准备。

3）数据分析。

数据获取的方法多种多样，可以使用网络爬虫抓取网络文本，使用pdftools包读取PDF格式的电子文档，jsonlite包读取JSON格式的文本数据，或者是安装janeaustenr包来获取简奥斯汀的6本著名小说来进行文本挖掘的练习。

文本数据的准备包括清理标点符号、页码等多余信息，以及分词标记和简单的初步统计。通常需要使用正则表达式，其主要目的是将文章中的句子打散以获取单个的词语或词组，并去掉某些无语义贡献的词汇，例如，介词或是助词，再进行一定程度的词频统计等操作。建议有一定英语基础的读者按照《Text Mining with R》这本书开始练习，书的作者就是最易上手的文本挖掘 R 包 tidytext 的开发者。希望分析中文的读者可以从 quanteda 包开始，因为这个包配有中文词库和简单的中文示意。

文本数据的分析根据目的的不同在难度上会有天壤之别。对于初学者来说，预先设置一些已知的规则来对文本数据进行查询式的分析（比如，在简奥斯汀的书中，哪一个角色的名字出现次数最多）这样的词频统计分析可视化，可有助于提高对数据的理解程度和使用各个函数的信心。监督和无监督机器学习需要依靠 tm、quanteda、topicmodels 等不同的 R 包的交互使用才可能实现复杂的分析目标。详细内容请感兴趣的读者参阅各个包的主页，这里不再过多讨论。

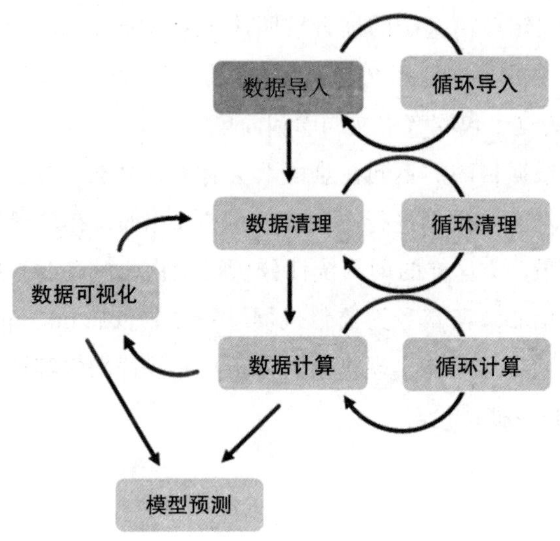

第 3 章 数据计算工具

本章将着重介绍 baseR 中的基本统计计算函数和 dplyr 包中一些常见函数的使用技巧。一些基本的统计运算函数是 R 语言核心的一部分，读者完全可以使用这些基本函数来完成大部分统计运算，但是作为一名数据分析工作者，如何在最短的时间内揭示数据中隐藏的规律才是体现价值的最佳方式，因为在适当的时候采用适当的工具是无可厚非的。作为 tidyverse 系列中使用频率最高的 R 包，对于初中级用户来说，dplyr 有着其他 R 包无法比拟的用户体验，即便是只有简单英语基础的用户也可以轻松理解 dplyr 中各个语句的功能和大致使用方式。另外，作者在开发 dplyr 包时清晰的逻辑结构，也为该包增色不少。

3.1 baseR 计算工具概览

3.1.1 基本数学函数

表 3-1 中列出了常见的基本数学运算函数，关于三角函数的部分，读者可以调用帮助文档来查看。完整的数学函数列表可以通过执行 '?S3groupGeneric' 或 '?S4groupGeneric' 来查看。使用这些基本数学函数时，默认值的处理对计算结果往往会产生很大的影响。诸如 'mean' 'max' 和 'min' 等这类常用函数可以定义为在计算前移除默认值，但像 'cumsum' 这类对数值进行累积运算的函数，则需要在计算前手动处理默认值，否则会因为默认值的可传染性而导致计算错误。

表 3-1 基本数学运算函数及功能说明

函数	解　释
abs	求绝对值，既可以是单一数字或复杂型向量，也可以是数组
ceiling	向上进位取整
cummax	累加最大值
cumin	累加最小值
cumprod	阶乘
cumsum	累加
diff	求差值
exp	求指数
floor	向下舍位取整
log	求对数
max	最大值
min	最小值
mean	均值，使用时注意默认值处理
median	中间数
range	数值向量区间
rank	排列
round	四舍五入
sqrt	平方根
sign	辨别正负，若为正数则返回值 1，若为负数则返回值 -1，若为 0 则返回值为 0
signif	保留有效数字
sum	求和

下列代码可简单解读为自定义向量 x，调用 cumsum 累积求和，结果中当计算到第 11 位数值，也就是默认值的时候，所有后续结果全都变成 NA。去除 NA 的方式有很多种，读者可以根据实际情况自行选择，一般对于数据框中某一列中的 NA，可以使用第 2 章中介绍的 drop_na 函数。这里作者使用了 which 函数配合子集选取“[”来去除 NA。第三行代码的解读顺序由内而外依次如下。

1）is.na：对向量 x 进行默认值辨别。

2）which：定位默认值位置。

3）x[-which(…)]：按位置移除对应的默认值。

4）累加运算。

```
> x <- c(1:10,NA, 11:20)
> cumsum(x)
##  [1]  1  3  6 10 15 21 28 36 45 55 NA NA NA NA NA NA NA NA NA NA NA
> cumsum(x[-which(is.na(x))])
##  [1]   1   3   6  10  15  21  28  36  45  55  66  78  91 105 120 136 153
## [18] 171 190 210
```

计算差值的函数 diff 是另外一个很实用，但却很容易让人困惑和抓狂的函数。简单来说，这个函数可以按照用户自定义的间隔来计算间隔两端数值之间的差。下列代码中包括了该函数使用默认设置时的计算规则及结果，以及实际使用该函数时可能会遇到的一个小问题：

代码解读具体如下。

1）第一到三行，调用差值函数计算向量 b 各个数值之间的差值并显示结果，这里使用的是默认参数设置，也就是计算相邻两个数值之间的差值。

2）第四行，计算相隔一位的两个数值的差值。

3）第五到六行，显示 b 和 a 中的数值个数，这里的 a 要比 b 少一个数值，而第四行的计算结果比 b 少两个数值，也就是说差值计算的结果要比原始值少，少的数量为计算间隔。只计算单一向量，或者对数据框、矩阵的全部列进行整体计算时，直接使用 'diff' 函数一般不会出现问题。但是，当对数据框或矩阵的某一列进行差值计算，并希望将计算结果作为新列出现在同一个数据框或阵列时，因为差值结果的长度小于原始数值的长度，因此必须要补齐少的部分，只有补齐了，函数才不会报错。

4）第七行中给出了最简单的补齐方式，使用 NA 填补第一位。计算的结果则可以解释为：b 中的第一位数值前无数值可减，所以为 NA，第二位与第一位数值的差为 1，第三位与第二位数值的差为 1，以此类推。

代码实现具体如下：

```
> b <- c(1:3,5,7:11,13)
> a <- diff(b)
> a
## [1] 1 1 2 2 1 1 1 1 2
> diff(b, lag = 2)
## [1] 2 3 4 3 2 2 2 3
> length(b)
## [1] 10
> length(a)
## [1] 9
> a <- c(NA,diff(b))
> a
##  [1] NA  1  1  2  2  1  1  1  1  2
```

3.1.2　基本运算符号

表 3-2 列出了 R 中常用的数学运算符号。除了常见的加减乘除之外，逻辑和比较运算符会在数据清理过程中频繁使用。比如，为了筛选非默认值的数据，在函数 is.na 前使用逻辑非符号“!”。抑或是在使用 filter 函数过滤数据框时，为了筛选特定的观测值，通常会使用“列名”== X 来实现。

表 3-2　数学符号及中文释义

符号	示意
"+", "-", "*", "/"	加减乘除
"^"	平方
"%%"	整除
"%/%"	整数倍数
"&", "|", "!"	逻辑运算符
"==", "!=", "<", "<=", ">=", ">"	比较运算符
%in%	查询匹配

同时筛选多个观测值时，查询匹配运算符“%in%”便会显得特别实用。该运算符的基本意义为查询运算符左侧的向量是否匹配右侧指定的向量。下面的代码展示了如何使用该运算符：

代码解读具体如下：

1）随机自定义一个数据框 df，然后对其进行查询匹配数据筛选。

2）筛选出列 a 中值为 1、3 和 4 的行。

3）筛选出列 a 中非 1、3 和 4 的行。

代码实现具体如下：

```
> df <- tibble(a = 1:6,
      b = letters[1:6])
    > df %>%
  filter( a %in% c(1,3,4))

    ## # A tibble: 3 x 2
##        a b
##    <int> <chr>
## 1      1 a
## 2      3 c
## 3      4 d

    > df %>%
  filter( !a %in% c(1,3,4))

    ## # A tibble: 3 x 2
##        a b
##    <int> <chr>
## 1      2 b
## 2      5 e
## 3      6 f
```

3.1.3　基本统计函数

baseR 中最常用的统计函数可能非 summary 莫属了。一般的数据分析网络教程可能都会在数据分析前先贴一张统计汇总的结果，以展示数据中每个变量的分位数、平均值、中间值等基本信息。笔者认为这些信息并不能对学习或是实际应用数据分析产生事半功倍的效果，有些情况反而会因为信息太多而干扰分析的过程。所以建议读者在进行真正的数据分析之前，首先应想好自己的分析问题及方向，从而确定好所需函数，尽量避免对数据进行过度解读。当然，如果只是为了了解函数的特性，则无须考虑这条建议。

另外两个常见的统计模型函数，anova 和 lm 在使用过程中需要注意公式 formula 的排列顺序。其中，线性回归模型 lm 中的 formula 的设置格式一般为 y～x。一般情况下，波浪线左侧多为因变量，而右侧多为自变量。右侧可以同时设置多个变量，代表多个变量均对左侧的因变量产生影响。也可以通过将 formula 参数设置为 y～x+0，使回归线（regression line）通过 x 和 y 轴的交点通过 0 点。

使用卡方检验 chisq.test 时需要注意相依表的构建，相依表中若有一整列默认值或 0，则卡方检验结果或许会无法得到准确的显著性差异值 'p-value'。

在生物统计学绘制结果图表时，通常会需要计算标准误差来标注抽样误差的大小情况。R 语言中并没有直接计算标准误差的函数，所以通常需要用户自行计算该指标。

表 3-3 中给出了标注误差（se）的计算公式，其中 sd 为标准差，sqrt(*n*) 代表样本总数的平方根。

表 3-3 常用统计函数及功能说明

函数	释义说明
aov	单因素方差分析
chisq.test	卡方检验
lag	差值计算
lm	线性回归
quantile	分位数
sd	标准差
se	sd/sqrt(*n*)
summary	摘要汇总

当读者了解了以上基本的数学运算函数、符号及统计功能函数在 R 中的表现形式后，再结合第 2 章介绍过的管道函数（%>%）以及接下来将要介绍的 dplyr 包，数据计算和总结归纳将会变得简洁而高效。

3.2 dplyr 包实战技巧

3.2.1 常见实用函数中英对照

表 3-4 中简要列出了 dplyr 包（版本号 0.7.4）中常见且较实用的函数。使用频率最高的几个函数依次为 select、filter、mutate、arrange、group_by 和 summarise。这 6 个函数是用户必须要理解，且熟练掌握的。

表 3-4 dplyr 包常见实用函数及功能简介

函数	功能简介
select/rename	选择和重命名列
filter	按条件筛选行
mutate	对列进行增删改写
arrange	按条件对行进行重新排序，可选升序和降序
group_by	分组
summarise/summarize	统计描述，两个函数功能一致，只是英美拼写方法不同

（续）

函数	功能简介
tally/count	对分组后的行数据计数
top_n	行数据筛选，指定选择排在每组前列的一或若干行
slice	切割行数据
sample_n/sample_frac	按照数量或比例随机抽取一行或多行数据
*_join	列合并家族函数
bind_col/row	按照列或行合并数据框，条件较严苛
case_when	判别，如果满足条件则执行后续命令
nth/first/ last	分组后取每组的第 n、第 1 或最后一行数据
n	统计分组后的样本数量
if_else	判别式
setdiff/intersect/setequal/union/union_all	比较两个数据框

3.2.2 dplyr——行（Row）数据处理

在一般的数据分析流程中，对原始数据进行简单地清洗后，用户多半需要按照条件筛选子集。用户可以按照个人习惯自己选取行或列数据，本书中以筛选行数据为先。为了更加全面地展示 dplyr 功能，本节将会采用全字符串类型数据集和数字型数据集交替使用来进行代码演示和讲解，并穿插介绍文本挖掘的基本概念和步骤，借以帮助读者建立起自己的数据分析逻辑思维。

数据集 paper_titles 是一个含有 27 行观测值和 3 列变量的字符串型数据框，其主要内容为新西兰农艺学报 2015—2017 年所发表的期刊名及作者，三列变量依次为年份、标题和作者。该数据集为作者使用 R 爬虫从网站上抓取而来，为方便存储使用了“.rds”格式。R 语言的核心包中自带读取该格式的函数。以下为数据集读取及前 3 行观测值：

```
    > df <- readRDS("RawData/paper_titles.rds")
    > head(df, n = 3)
    ## # A tibble: 6 x 3
##   year  titles                                   authors                  ##
  <chr> <chr>                                   <chr>                ##
1 2017  Nitrogen uptake and nitrate-nitrogen~ E. Chakwizira, J.M.~
## 2 2017  Pasture brome (Bromus valdivianus) l~ I.P. Ordó<U+00F1>ez,
~
## 3 2017  A possible sustainable harvesting re~ W.T. Bussell and C.M.
~
```

1. arrange %>% group_by 排序后按条件分组

排序（arrange）和分组（group_by）函数都是非常简单且实用的函数。dplyr 中的 arrange 相当于 baseR 中的 order 函数简化版，参数设置更加简单。排序函数 arrange 最基本的应用是 arrange(.data, …)。用户可以在管道函数的配合下，使用 Tab 键快速选择需要排序的列。其默认设置为升序排列，具体可以划分为如下两类。

1）数字型数据按照数字由小到大进行排列。

2）字符型按照字母表顺序进行排列。

如需调换顺序则只需将排序列放入辅助函数 desc 中。排序函数是可以依照分组标准对组内的数据进行排序的。用户只需要在排序之前对数据进行分组操作，然后设置 arrange 函数中的参数“.by_group”为真即可完成组内排序，代码如下：

```
> df %>%
group_by(year) %>%
arrange(titles, .by_group = TRUE) %>%
str()

## Classes 'grouped_df', 'tbl_df', 'tbl' and 'data.frame':  27 obs. of  3
   variables:
## $ year   : chr  2015 2015 2015 2015 2015 2015 2016 2016 2016 ...
## $ titles : chr  "Automated measurement of crop water balances under a
   mobile rain-exclusion facility" "Comparison of continuous and spot
   measurements of radiation interception in barley"...
## $ authors: chr  "A.J. Michel, H.E. Brown, R.N. Gillespie, M.J. George and
   E.D. Meenken pp. 39-46" ...
## - attr(*, "vars")= chr "year"
## - attr(*, "drop")= logi TRUE
## - attr(*, "indices")=List of 3
##  ..$ : int  0 1 2 3 4 5
##  ..$ : int  6 7 8 9 10 11 12 13 14 15 ...
##  ..$ : int  18 19 20 21 22 23 24 25 26
## - attr(*, "group_sizes")= int  6 12 9
## - attr(*, "biggest_group_size")= int 12
## - attr(*, "labels")='data.frame':   3 obs. of  1 variable:
##  ..$ year: int  2015 2016 2017
##  ..- attr(*, "vars")= chr "year"
##  ..- attr(*, "drop")= logi TRUE
##  ..- attr(*, "indices")=List of 3
##  .. ..$ : int  21 22 23 24 25 26
##  .. ..$ : int  9 10 11 12 13 14 15 16 17 18 ...
##  .. ..$ : int  0 1 2 3 4 5 6 7 8
##  ..- attr(*, "group_sizes")= int  6 12 9
##  ..- attr(*, "biggest_group_size")= int 12
```

上述代码将数据集 df 通过管道函数传递给 group_by，并以 year 这一变量对整个数据集进行分组，之后再将分组的结果传递给 arrange 函数进行组内排序，最后通过 str 函数显示分组排序后的数据集。假如仅对未进行分组或排序的数据集运行 str 函数，那么通常只会有关于 Classes、观测值、变量数量、列名等简要内容，而不会有 attr（attribute，数据框属性）。换句话说，经过分组和排序后数据框，被增加了新的属性，这些属性划分了分组的依据和组内排序规则，所以运行 str 函数后，会把额外的内容显示出来。

除了按照整列变量进行分组排序之外，dplyr 包还提供了 group_by_all/if/at 和 arrange_all/if/at 这类函数以帮助用户在分组排序之前即对数据集进行条件筛选。举例来说，若要对数据集 df 中的字符串类型的数据进行排序，则用户可以使用判别变量属性函数 is.charater 配合 arrange_if 来实现。为了方便演示，下面的代码中暂时将变量 year 改为整数型数据，实现代码具体如下：

```
> df$year <- as.integer(df$year)
```

```
> df %>%
arrange_if(is.character) %>%
head()
```

```
## # A tibble: 6 x 3
##    year titles                         authors
##   <int> <chr>                          <chr>
## 1  2017 A possible sustainable harves~ W.T. Bussell and C.M. Triggs~
## 2  2015 Automated measurement of crop~ A.J. Michel, H.E. Brown, R. ~
## 3  2016 Carbohydrate degradation duri~ C. Matthew, B.W. Howard, A. ~
## 4  2016 Catch crops after winter graz~ B. Malcolm, E. Teixeira, P. ~
## 5  2015 Comparison of continuous and ~ E. Chakwizira, E.D. Meenken,~
## 6  2015 Determining sources of variat~ S.J. Gibbs, S. Hodge, B. Sa ~
```

arrange_if 重新排序之后，数据即按照 titles 中的字母顺序变换了位置。这里的简单演示仅仅只是希望读者能够了解在 dplyr 包中，排序和分组函数具备按要求筛选数据的功能，其实际应用场景并不多见。其他 dplyr 包中的主要函数都有类似的设置，3.2.3 节中还会进一步讨论 mutate 和 summarise 函数的相关内容。

2. filter 按条件过滤行

通常情况下，在用户使用已经整理好的数据进行练习时，简单的 filter 函数参数设置（例如，“列名 == 某值”），即可轻松帮助用户实现行数据筛选。但处理真实数据的情况往往比较复杂，因此需要配合多种基本运算符和一些基本函数来帮助完成筛选任务，这也是 R 用户必须掌握的技能。

首先，重新导入数据集 paper_titles。接下来的两行代码功能一致，同为筛选变量 year 中同时为 2016 和 2017 的观测值，其返回结果当然为空，因为年份是独一无二的。这里演示的是两种不同的代码表述方式。二者没有好坏之分，读者可根据实际情况自行斟酌采取何种书写方式。当用户需要按照不同的标准对不同的变量进行筛选时，通常的做法是以逗号分隔不同变量的列名。示例代码如下：

```
> df <- readRDS("RawData/paper_titles.rds")
> df %>%
filter(year == 2016 & year == 2017)
> df %>%
filter(year == 2016 , year == 2017)
```

小提示

设置具体筛选条件时，filter 函数只识别“==”，若使用“=”则函数会认为用户需要增加一组向量，从而导致报错。更多关于“=”的含义解释，用户可以参考 R 语言的说明书。

逻辑或（|）可以帮助用户实现对满足任一条件的观测值进行筛选。下面的代码演示了一般逻辑或的使用方式，并使用 head 函数显示筛选后子集的前三行以节省篇幅：

```
> df %>%
filter(year == 2016 | year == 2017) %>%
head(df, n = 3)
## # A tibble: 3 x 3
##   year  titles                                  authors
##   <chr> <chr>                                   <chr>
## 1 2017  Nitrogen uptake and nitrate-nitrogen~ E. Chakwizira, J.M. ~
## 2 2017  Pasture brome (Bromus valdivianus) l~ I.P. Ordó<U+00F1>ez, ~
## 3 2017  A possible sustainable harvesting re~ W.T. Bussell and C.M.~
```

判别符号和逻辑与同时使用可用来来确定区间值。下面第一行代码就是结合使用基本运算符号来进行满足区间的筛选。第二行代码通过“！ =”（不等于或非等于）来将条件值排除在外。示例代码如下：

```
> df %>%
filter(year < 2017 & year > 2015) %>%
head(df, n = 3)
## # A tibble: 3 x 3
```

```
##     year  titles                          authors
##     <chr> <chr>                           <chr>
##   1 2016  Stem shortening plant growth r~ M.P. Rolston, R.J. Chynowe~
##   2 2016  Time of cutting effects on see~ J.M. Linton, R.J. Chynowe ~
##   3 2016  Carbohydrate degradation durin~ C. Matthew, B.W. Howard, ~
    > df %>%
  filter(year != 2017) %>%
  head(df, n = 3)
    ## # A tibble: 3 x 3
##    year  titles                     authors
##    <chr> <chr>                      <chr>
## 1 2016  Stem shortening plant grow~ M.P. Rolston, R.J. Chynoweth, ~
## 2 2016  Time of cutting effects on~ J.M. Linton, R.J. Chynoweth, M ~
## 3 2016  Carbohydrate degradation d~ C. Matthew, B.W. Howard, A.R. ~
```

在 3.1.2 节中，我们简要介绍了符号函数“%in%”及其基本使用方法。该符号函数与 filter 函数属于天生绝配。假定用户有一组数据集中包含了若干个观测值需要排除或包括，那么可以将筛选条件向量化后置于“%in%”之右，而将需要筛选的列置于其左侧，这样做不但可以简化代码，而且还提高了效率。以数据集 paper_titles 来说，假定筛选要求为排除 2016 年和 2017 年中的全部期刊，那么用户可以使用如下所示的代码。因为该演示数据集仅包含三个年份，所以使用 filter（year == 2015）的语法会更加直接。但是当读者需要处理具体数据时，很有可能会发生的一种情况是，有一行或若干行观测值在变量 year 这一列中是空白的，如果使用绝对等于符号，则可能会将原本满足筛选条件的观测值排除在外。具体代码如下：

```
    > df %>%
  filter(!year %in% c(2016,2017)) %>%
  head(df, n = 3)
    ## # A tibble: 3 x 3
##    year  titles                          authors
##    <chr> <chr>                           <chr>
## 1 2015  Grain yield of winter feed wh~ R.A. Craigie, H.E. Brown and~
## 2 2015  Comparison of continuous and ~ E. Chakwizira, E.D. Meenken,~
## 3 2015  Managing whole crop cereal si~ M.E. Arnaudin, J.M. de Ruit ~
```

在处理一个全新的数据集的初始阶段，用户可能只能明确部分筛选条件，或者需要进行一些探索之后才能够完全确定具体的筛选条件。下面的代码中演示了一种可能性。假设我们需要了解所有标题中提到的以 Nitrogen（氮元素）起始的文章，那么肉眼筛选很显然是不符合任何用户的本意的。因此用户可以采用 baseR 中的基本函数之一，即 grep，配合简单的正则表达式加上符号函数“%in%”来实现目标筛选。代码中的关键点在于 grep 函数内的参数设置，这里使用了该函数最常用的三个参数，具体如下。

1）pattern 参数，设置为“^Nitrogen.+”，表示以单词 Nitrogen 开头，再加上任一字符。

2）x，设置为“.$titles”。其中“.”代表管道函数之前的 df 数据框。

3）value，设置为真，代表需要函数返回其包含模式的真实字符串值。

函数 grep 返回的结果是一组字符串向量，再结合“%in%”即可按照这一字符串向量完成筛选。当用户所需的筛选标准过多时，可以在筛选之前指定好目标字符串向量，而后在 filter 函数中直接引用该向量。示例代码如下：

```
> df %>%
filter(titles %in% grep(pattern = "^Nitrogen.+", x = .$titles, value = TRUE))
## # A tibble: 2 x 3
##   year  titles                                          authors
##   <chr> <chr>                                           <chr>
## 1 2017  Nitrogen uptake and nitrate-nitrogen accumula~ E. Chakwizir~
## 2 2016  Nitrogen fertilisation effects on the quality~ D.F. Guinto~
```

默认值（NA）和空白值（NULL）拥有自己独立的函数，因此筛选这两种类型的数值时，一般推荐结合其特有的判别函数 is.na 和 is.null。使用方法非常简单，示例代码如下：

```
> df %>%
filter(is.na(titles))
## # A tibble: 0 x 3
## # ... with 3 variables: year <chr>, titles <chr>, authors <chr>
```

另外一种处理具体筛选条件未知的情况是，使用 filter 函数的自定义函数功能进行模糊查询后再过滤到所需的观测值。假设我们只想查询在闰年出版的期刊名，使用 filter_at 配合一个基本函数运算功能“(. %% 4) == 0”（闰年的另外一种定义为可以被 4 整除）即可实现。下列代码的含义因此可以解释为如下几项。

1）首先需要将变量 year 这一列中的数值类型转换为整数型，因为数学运算符号“%%”不接受字符串类型数值。

2）然后将数据集 df 通过管道函数传递给 filter_at 进行筛选处理，处理的方式为筛选变量 year 中所有能够被 4 整除的数值，而后将这些数值所在的行提取为子集。该函数与其母函数 filter 的使用方式略有不同。指定筛选的变量列需要置于参数 vars 之内，变量的列名或者数字位置都可以接受，然后将其筛选标准设置为自定义函数或者公式。使用判别类的函数（诸如 is.numeric 或 is.charater）可以很方便地提取到所需要的变量列。实现代码具体如下：

```
> df$year <- as.integer(df$year)
> df %>%
filter_at(vars(year), any_vars((. %% 4) == 0)) %>%
head(df, n = 3)
## # A tibble: 3 x 3
##     year titles                              authors
##    <int> <chr>                               <chr>
## 1  2016 Stem shortening plant growth r~ M.P. Rolston, R.J. Chynowe~
## 2  2016 Time of cutting effects on see~ J.M. Linton, R.J. Chynowet~
## 3  2016 Carbohydrate degradation durin~ C. Matthew, B.W. Howard, A~
```

另外两种可以选取行数据的主要函数为 sample_n 和 sample_frac，前者按照用户指定的具体个数随机抽取观察值，后者则是按照比例抽取。两者都可以继承分组属性从而对分组后的数据进行随机抽样。这两个函数比较常用的场景一般为观测值较多，需要随机抽样来进行初步的探索性数据分析、检测观测值的样本分布情况，或者需要随机抽取观测值来建立训练集的情况。其基本使用方式简单明了，实现代码如下所示：

```
> set.seed(42)
> df %>%
sample_n(size = 5) %>%
head(df, n = 3)
## # A tibble: 3 x 3
##    year titles                              authors
##   <int> <chr>                               <chr>
## 1  2015 Automated measurement of crop~ A.J. Michel, H.E. Brown, R.N~
## 2  2015 Determining sources of variat~ S.J. Gibbs, S. Hodge, B. Sal~
## 3  2017 Establishment methods of oat ~ B. Malcolm, E. Teixeira, P.~
> df %>%
sample_frac(size = 0.3) %>%
head(df, n = 3)
## # A tibble: 3 x 3
##    year titles                              authors
##   <int> <chr>                               <chr>
## 1  2016 Optimising sweet corn plant popula~ A.G. Hunt, J.B. Reid an~
## 2  2016 Effectiveness of winter cover crop~ R.F. Zyskowski, E.I. Te~
## 3  2017 Stem yield response of annual ryeg~ J.W.L. Heney, M.P. Rols~
> df %>%
group_by(year) %>%
```

```
sample_n(size = 2)
## # A tibble: 6 x 3
## # Groups:   year [3]
##    year titles                              authors
##   <int> <chr>                               <chr>
## 1  2015 Comparison of continuous and spot~ E. Chakwizira, E.D. Meen~
## 2  2015 Managing whole crop cereal silage~ M.E. Arnaudin, J.M. de ~
## 3  2016 Nitrogen fertilisation effects on~ D.F. Guinto<U+00A0>pp. 1
## 4  2016 Effectiveness of winter cover cro~ R.F. Zyskowski, E.I. Tei~
## 5  2017 Pasture brome (Bromus valdivianus~ I.P. Ordó<U+00F1>ez, I.F~
## 6  2017 Stem yield response of annual rye~ J.W.L. Heney, M.P. Rolst~
```

这里需要提醒读者注意的是，set.seed 函数是为了确保每次随机抽样的样本一致，绝大部分情况下，set.seed 只需使用默认参数设置即可。对于其内部的整数，读者可以按照喜好进行自定义。其次，sample_n 内的 size 参数需要为正整数，而 sample_frac 则为 0 到 1 区间的小数。

除了随机抽取观测值之外，读者还可以通过 filter 函数配合使用 first、last 和 nth 来抽取指定位置的观测值。下列代码中所实现的功能为：将数据集 df 按照 year 进行分组，之后组内按照 titles 进行升序排序，最后抽取每组的第一行观测值。实现代码具体如下：

```
> df %>%
group_by(year) %>%
arrange(titles, .by_group = TRUE) %>%
filter( titles == first(titles))
## # A tibble: 3 x 3
## # Groups:   year [3]
##    year titles                              authors
##   <int> <chr>                               <chr>
## 1  2015 Automated measurement of crop w~ A.J. Michel, H.E. Brown, R~
## 2  2016 Carbohydrate degradation during~ C. Matthew, B.W. Howard, A~
## 3  2017 A possible sustainable harvesti~ W.T. Bussell and C.M. Trig~
```

处理行数据的其他函数还包括 top_n、slice 和 distinct 家族等，读者可以参阅帮助文档自行练习和了解。

3. bind family 强行合并数据集

将若干个数据集按照行或列整合为一个大数据集也是数据处理过程中很常见的操作。在 baseR 中，rbind 和 cbind 函数可分别用于按行将若干数据集上下对接，或者按列对若干数据集进行左右对接。在 dplyr 包中，相同功能的函数名称为 bind_rows 和 bind_cols。相对来说两个函数的名称更加明显地体现了其功能。下面的代码演示中，含有期刊名和作者名的df数据集被拆分成了3个独立的数据集one、two和three，拆分的条件则为按不同的年份进行拆分。随后，使用bind_rows函数对3个数据集进行整合。参数“.id”可用于在整合后的大数据集中标注每个数据集的来源，其默认设置为空，即不对数据集来源进行标注。当用户有需要时，则可以设置一个字符串用于标注列名，这时函数就会默认将各个小数据集按照顺序用整数标记为1～n。示例代码如下：

```
> one <- filter(df, year == 2015)
> two <- filter(df, year == 2016)
> three <- filter(df, year ==2017)
> bind_rows(one, two, three, .id = "IDs") %>%
glimpse()
## Observations: 27
## Variables: 4
## $ IDs     <chr> "1", "1", "1", "1", "1", "1", "2", "2", "2", "2",...
## $ year    <chr> 2015, 2015, 2015, 2015, 2015, 2015, 2016, 2016, ...
## $ titles  <chr> "Grain yield of winter feed wheat in response ...
## $ authors <chr> "R.A. Craigie, H.E. Brown and M. George pp. 1-8" ...
```

另外一种设置方式是将需要整合的数据集放入一个或若干个list函数之内，当用户为数据框格式的数据集指定名称时，参数“.id”将会使用list中的名称来对各个数据集进行标注。示例代码如下：

```
> bind_rows(list(a = one, b = two, c = three), .id = "IDs") %>%
glimpse()
## Observations: 27
## Variables: 4
## $ IDs     <chr> "a", "a", "a", "a", "a", "a", "b", "b", "b", "b",...
## $ year    <chr> "2015", "2015", "2015", "2015", "2015", "2015"...
## $ titles  <chr> "Grain yield of winter feed wheat in response to...
## $ authors <chr> "R.A. Craigie, H.E. Brown and M. George pp. 1-8",...
```

关于bind_rows函数另外一点需要注意的事项为，两个数据集无须具有相同的变量数亦可进行上下对接。举例来说，假定数据集one中有4个变量列，而two中有3个变量列，则bind_rows会按照名字对二者进行上下对接，而无法完成对接的部分则会以NA来填补。因此，读者在使用该函数时需要小心列名是否一致，否则被默认引入的NA可能会对后续运算造成麻烦。

若要使用bind_cols按照列整合若干数据集，则必须要求各个数据集都要具有相同的行数，否则函数会报错。下面的代码中，我们对one、two和three都做了子集筛选处理，同为选取各个数据框的前三行观测值来组成一个子集，之后再将其左右对接在一起。该函数会对重复的列名进行自动处理，以确保每个列名的独立性。这种对接方式是按照每行观测值的数字顺序进行对接，因此使用时需要格外小心各个小数据集中的观测值顺序是否一致，否则很容易发生错位，如果读者需要按照某一列或某几列中的数据值进行整合，则可以使用 join 家族（《R for Data Science》一书中对此有详细介绍，本书不再赘述）来解决。示例代码具体如下：

```
> bind_cols(one[1:3, ], two[1:3, ], three[1:3, ]) %>%
glimpse()
## Observations: 3
## Variables: 9
## $ year     <int> 2015, 2015, 2015
## $ titles   <chr> "Grain yield of winter feed wheat in response to ..
## $ authors  <chr> "R.A. Craigie, H.E. Brown and M. George pp. 1-8....
## $ year1    <int> 2016, 2016, 2016
## $ titles1  <chr> "Stem shortening plant growth regulators enhance...
## $ authors1 <chr> "M.P. Rolston, R.J. Chynoweth, J.A.K.Trethewey ...
## $ year2    <int> 2017, 2017, 2017
## $ titles2  <chr> "Nitrogen uptake and nitrate-nitrogen accumulati...
## $ authors2 <chr> "E. Chakwizira, J.M. de Ruiter and S. Maley pp. ...
```

3.2.3 dplyr——列（Column）数据处理

1. rename、select 和它们的小帮手

函数 rename 和 select 都可以用来对列进行选择。两者的区别在于 rename 除了可以重命名指定列之外，还会保留在参数中未提及的列，而 select 则仅会保留参数中设置的列。不过，select 往往比 rename 更加实用，而且 select 函数具有很多可以配合使用的帮手函数。表 3-5 中列出了 5 个常与 select 函数搭配使用的帮手函数。当用户所需处理的数据集中变量数较多时，这类帮手函数能够帮助节省大量时间。具体使用方法参加下文。

表 3-5　常用帮手函数一览

函数	释义
starts_with	以指定字符串起始
ends_with	以指定字符串结束
matches	匹配指定字符串
contains	包含指定字符串
one_of	任一指定字符串

数据集仍为 df，函数 rename 和 select 都可以完成对变量列重命名的操作，对于两者之间的区别，演示代码如下：

```
> df %>%
rename("1" = year) %>%
glimpse()
## Observations: 27
## Variables: 3
## $ '1'     <chr> "2017", "2017", "2017", "2017", "2017", "2017", ...
## $ titles  <chr> "Nitrogen uptake and nitrate-nitrogen accumulat...
## $ authors <chr> "E. Chakwizira, J.M. de Ruiter and S. Maley pp,...
> df %>%
select("1" = year) %>%
glimpse()
## Observations: 27
## Variables: 1
## $ '1' <chr> "2017", "2017", "2017", "2017", "2017", "2017", "2...
```

同时使用两个函数选择并且重命名变量 year，命名的规则为新列名在等号左侧，数据集原有列名在等号右侧。区别点在于 rename 会将重命名列及其他列同时返回为结果，而 select 则仅返回选择的指定列及新列名。用户需要根据对象数据集的具体情况来决定使用哪一个列选择函数。大部分情况下，select 函数的使用频率要高于 rename，除了指定选择功能之外，其帮手函数也让读者能够游刃有余地处理变量数在两位数以上的情况。

配合函数 select 的第一小帮手组合是 starts_with 和 ends_with 两个函数。这两个帮手函数具有相同的 3 个参数，分别为 match、ignore.case 和 vars。第一个参数 match 代表需要匹配的字符串（不接受正则表达式）；第二位参数是一个逻辑值，默认值为真（TRUE），即忽略大小写，若设置为假（FALSE），则会严格按照字符大小写来进行匹配；第三位参数 vars 代表需要进行匹配的对象变量名，在配合 select 使用时，此参数自动默认为数据集中的全部变量名称，因此无须特意设置。绝大多数情况下，帮手函数仅需对 match 参数进行设置。下列两组代码分别使用了 starts_with 和 ends_with 来查询以“y”开头，和以“s”结尾的变量列，然后调用 glimpse 函数来浏览筛选的结果。示例代码具体如下：

```
> df %>%
select(starts_with(match = "y"))%>%
glimpse()
## Observations: 27
```

```
## Variables: 1
## $ year <chr> "2017", "2017", "2017", "2017", "2017", "2017", ...
  > df %>%
select(ends_with(match = "s"))%>%
glimpse()
  ## Observations: 27
## Variables: 2
## $ titles  <chr> "Nitrogen uptake and nitrate-nitrogen accumulate ...
## $ authors <chr> "E. Chakwizira, J.M. de Ruiter and S. Maley pp....
```

另外一组帮手函数 matches 和 contains 与第一梯队的两个帮手函数具有相同的参数设置。区别在于 matches 和 contains 不但可以查询前缀和后缀，还可以查询匹配变量中部的值。下列两组代码中，分别使用 matches 和 contains 帮手函数查询匹配变量名中带有“tle”和“ear”字符的列：

```
  > df %>%
select(matches(match = "tle")) %>%
glimpse()
  ## Observations: 27
## Variables: 1
## $ titles <chr> "Nitrogen uptake and nitrate-nitrogen accumulation...
  > df %>%
select(contains(match = "ear")) %>%
glimpse()
  ## Observations: 27
## Variables: 1
## $ year <chr> "2017", "2017", "2017", "2017", "2017", "2017", ...
```

还有一个比较实用的帮手函数为 one_of，意为其中之一。此函数可以在用户设置好指定的目标变量名之后，对现有数据集中的变量名进行提取。该帮手函数包含两个参数，必要参数为 3 个点——“…”，参数 vars 在配合 select 使用时为数据集全部变量名。下面的代码中，我们将第一参数设置为一个字符串向量，其中含有三个字符型数值“year”、“month”和“day”。执行代码后会弹出警告信息，提醒用户指定的目标变量名中“month”和“day”为未知项，也就是说这两个变量名不在当前数据集的变量名中。示例代码如下：

```
  > df %>%
select(one_of(... = c("year","month","day"))) %>%
glimpse()
  ## Warning: Unknown variables: 'month', 'day'
  ## Observations: 27
```

```
## Variables: 1
## $ year <chr> "2017", "2017", "2017", "2017", "2017", "2017", ...
```

其他帮手函数还包括 num_range 和 everything。前者很适合以前缀加罗马数字命名的变量名，比如基因组样本名称。后者意为选择全部列名，一般来说，可以配合 select 来调整变量的前后顺序。

2. mutate 和它的小帮手

函数 mutate 可以称作 dplyr 包的灵魂函数之一。mutate 的英文含义有变化的意思，在 dplyr 包中，它也是变化的代表。读者可以使用 mutate 函数对数据集进行各种变化，例如增删变量、更新变量值或者替换符合标准的值，等。为了展现更加完整的 mutate 函数功能，本节将会使用两个数据集进行代码演示，第一个数据集是从 dplyr 中自带的 starwars 数据集中选取的子集，原本的 starwars 数据集由 87 个观测值和 13 个变量组成，内容是星球大战中的主要角色名字及其相关信息。为达到简化演示和节省篇幅的目的，这里选取的是前 10 行观测值和 4 个比较有代表性的变量（name、height、mass 和 species）。第二个数据集仍为 3.2.2 节中使用的 paper_titles 数据集。由于这个展示数据集是使用 R 爬虫从新西兰农艺学会的网站上爬取而来的，部分数据因为转码等原因而无法提供有用的信息，因此需要进行简单的数据清洗和拆分，使用 mutate 配合简单的基础函数可以轻松地实现。

（1）mutate 处理简化版 starwas 数据集

函数 mutate 的参数只有两个：“ .data” 和 “ ...”。前者用来指定所需处理的数据集，后者用来指定所需处理的列。下面的第一组代码中结合使用了前面小结中介绍的 slice 和 select 函数，以及管道函数（%>%），将名为 starwars_short 的数据集由 starwars 中筛选出来。具体代码如下：

```
    > starwars_short <- starwars %>%
slice(1:10) %>%
select(name, height, mass, species)
```

上述代码首先向读者演示的是，mutate 和基本数学运算符如何配合以完成简单的数据计算。假定计算任务为，星战中这 10 个主要人物是否有肥胖倾向。如果他们中有人因为肥胖问题而无法完成维护宇宙和平的使命，或许是时候提醒一下星战编剧给某些角色加一加工作量了。衡量一个人肥胖与否的常见方法是计算其体重指数。根据 WHO（世界卫生组织）的标准，当体重指数超过 30 即为肥胖，与之相伴的当然是各种“富贵病”的发病几率显著增加。计算体重指数的公式如下：

$$体重指数（BMI）=\frac{体重}{身高^2}（国际单位 kg/m^2）$$

数据集中各个角色的身高单位是厘米（cm），因此在计算 BMI 之前需要先对身高这一变量进行单位转换，然后再计算 BMI。下面的代码中，starwars_short 通过管道函数（%>%）被传递给 mutate 函数，然后设置新的 height 等于原有的 height 除以 100，而后设置新增变量名为 BMI，变量数值等于 mass 除以 height 的平方。实现代码具体如下：

```
> starwars_short %>%
mutate(height = height/100,
    BMI = mass/(height^2))
## # A tibble: 10 x 5
##    name               height  mass species   BMI
##    <chr>               <dbl> <dbl> <chr>   <dbl>
##  1 Luke Skywalker       1.72    77 Human    26.0
##  2 C-3PO                1.67    75 Droid    26.9
##  3 R2-D2                0.96    32 Droid    34.7
##  4 Darth Vader          2.02   136 Human    33.3
##  5 Leia Organa          1.5     49 Human    21.8
##  6 Owen Lars            1.78   120 Human    37.9
##  7 Beru Whitesun lars   1.65    75 Human    27.5
##  8 R5-D4                0.97    32 Droid    34.0
##  9 Biggs Darklighter    1.83    84 Human    25.1
## 10 Obi-Wan Kenobi       1.82    77 Human    23.2
```

在上述代码段所示的计算过程中，用户需要注意如下两点。

1）当等式左侧的列名与数据集中已有列的列名一致时，已有的变量列将被新列替换。

2）按照各个计算公式彼此之间的依存关系在 mutate 中依次排序，可以避免多次调用同一函数。

小提示

if_else 函数和 baseR 包中的 ifelse 函数功能一致，区别在于 if_else 函数会检测并判别对象的类型，以确保其一致性，效率上相对于 ifelse 略有优势。

在完成 BMI 计算之后，还需要将该指数超过 30 的角色标记出来。因为演示数据集较小，读者很容易用肉眼提取到关键信息，但是如果读者在处理真实的数据时，真实数据往往含有上万人的 BMI 值，那么肉眼识别显然是不可取的。这时函数 if_else 可以帮助用户轻松完成标记的任务。

在之前的示例代码基础上，下列代码中增加了一个新的等式，左侧为新列的名称——obese（肥胖），右侧为计算规则——如果变量 BMI 中的值大于 30，则新列中与之对应的值为字符串“YES”，否则为“NO”。肥胖的概念仅仅适用于人类，R2-D2 这类超脱的角色是不受这类凡尘俗事困扰的，所以第二组代码中使用了 filter 函数来筛选出有肥胖倾向的人类同胞。实现代码具体如下：

```
> starwars_short %>%
mutate(height = height/100,
     BMI = mass/(height^2),
     obese = if_else(BMI > 30, "YES", "NO"))
## # A tibble: 10 x 6
##    name                height  mass species   BMI obese
##    <chr>                <dbl> <dbl> <chr>   <dbl> <chr>
##  1 Luke Skywalker        1.72    77 Human    26.0 NO
##  2 C-3PO                 1.67    75 Droid    26.9 NO
##  3 R2-D2                 0.96    32 Droid    34.7 YES
##  4 Darth Vader           2.02   136 Human    33.3 YES
##  5 Leia Organa           1.5     49 Human    21.8 NO
##  6 Owen Lars             1.78   120 Human    37.9 YES
##  7 Beru Whitesun lars    1.65    75 Human    27.5 NO
##  8 R5-D4                 0.97    32 Droid    34.0 YES
##  9 Biggs Darklighter     1.83    84 Human    25.1 NO
## 10 Obi-Wan Kenobi        1.82    77 Human    23.2 NO
> starwars_short %>%
mutate(height = height/100,
     BMI = mass/(height^2),
     obese = if_else(BMI > 30, "YES", "NO")) %>%
filter(species == "Human", obese == "YES")
## # A tibble: 2 x 6
##   name        height  mass species   BMI obese
##   <chr>        <dbl> <dbl> <chr>   <dbl> <chr>
## 1 Darth Vader   2.02   136 Human    33.3 YES
## 2 Owen Lars     1.78   120 Human    37.9 YES
```

判别函数 if_else 可以轻松应付只有两种结果的判别，当结果为 3 种或 3 种以上时，如若继续使用 if_else，则需要进行内部嵌套，一般不推荐过多地嵌套该函数，原因是容易出错且不利于分享代码和排查错误。幸运的是，dplyr 包中还有另外一个函数 case_ when，能够完成多种判别标记。函数的直接含义可以理解为，若条件满足，则赋予指定值。其使用方法遵循 LHS（左手侧）～RHS（右手侧）。左手侧为判别依据，比如 BMI > 30，判别依据必须是一个逻辑返回值，非真既假；右手侧为指定替换值，可为任意类型数值，但长度必须为 1，因为判别式每次仅对一个数值进行判定，满足条件则使用右手侧替换值，否则继续判别。用户可以设定一个或若干个判别条件，当只有一个判别式时，其他不符合条件的数值将被赋值为 NA；设置若干组判别式仅需要使用逗号进行分隔。具体代码设置如下：

```
> starwars_short %>%
mutate(height = height/100,
       BMI = mass/(height^2),
       obese = case_when(BMI > 30 ~ "YES",
                         BMI <= 30 ~ "NO"))
## # A tibble: 10 x 6
##    name               height  mass species   BMI obese
##    <chr>               <dbl> <dbl> <chr>   <dbl> <chr>
##  1 Luke Skywalker       1.72    77 Human    26.0 NO
##  2 C-3PO                1.67    75 Droid    26.9 NO
##  3 R2-D2                0.96    32 Droid    34.7 YES
##  4 Darth Vader          2.02   136 Human    33.3 YES
##  5 Leia Organa          1.5     49 Human    21.8 NO
##  6 Owen Lars            1.78   120 Human    37.9 YES
##  7 Beru Whitesun lars   1.65    75 Human    27.5 NO
##  8 R5-D4                0.97    32 Droid    34.0 YES
##  9 Biggs Darklighter    1.83    84 Human    25.1 NO
## 10 Obi-Wan Kenobi       1.82    77 Human    23.2 NO
```

除了搭配使用数学公式进行计算之外，在 mutate 函数内部搭配使用各种基本数学计算函数同样也必不可少。在众多研究领域中，累积值都是一项必要指标，比如累积月、年降雨量，年辐照度和积温等。BaseR 中基本数学函数为用户提供了多种累加值计算函数，详见 3.1.1 节。代码清单 3-1 中演示的是三个累加值计算函数 cumsum、cummax 和 cummean，它们在 mutate 函数内部分别进行如下三种不同的计算。

1）cumsum 计算 10 个角色的累积质量。

2）cummax 通过两两对比相邻的观测值，来求得两者之间的最大值并返回修改值。

3）cummean 会在累加观测值之后除以累加观测值的个数，每一个 cummean 的返回值都是相应观测值及其之前观测值累加和之后的平均值，也就是说，cummean 最后一个返回值（75.7）即为该组变量（mass）的平均值。

代码清单3-1 mutate函数调用基本运算函数新增变量

```
> starwars_short %>%
select(-height, -species) %>%
mutate(cum_mass = cumsum(mass),
       max_mass = cummax(mass),
       mean_mass = cummean(mass))
## # A tibble: 10 x 5
##    name                 mass cum_mass max_mass mean_mass
##    <chr>               <dbl>    <dbl>    <dbl>     <dbl>
##  1 Luke Skywalker         77       77       77      77
##  2 C-3PO                  75      152       77      76
##  3 R2-D2                  32      184       77      61.3
##  4 Darth Vader           136      320      136      80
##  5 Leia Organa            49      369      136      73.8
##  6 Owen Lars             120      489      136      81.5
##  7 Beru Whitesun lars     75      564      136      80.6
##  8 R5-D4                  32      596      136      74.5
##  9 Biggs Darklighter      84      680      136      75.6
## 10 Obi-Wan Kenobi         77      757      136      75.7
```

使用累加计算函数时，用户必须要注意默认值的存在情况，因为NA的特殊性，累加函数在遇到NA之后，后续的计算结果皆为默认值。处理一个数据框中的NA值，读者可以参考函数na.omit，或者根据具体数据集和计算目标来处理NA值，也可以是使用更加复杂的近邻取样算法来替换默认值。但是绝不建议读者使用0来替换NA，这是因为从统计学意义上来讲，数字0和NA代表完全不同的意义。

在特定场景中，使用arrange函数对数据集进行重新排序，会打乱数据集的整体结构从而无法完成计算任务。比如当数据集必须按照日期排序来计算变量中各观测值的差异或排位时，这种情况可以采用ranking家族中的6个候选函数来帮助完成排序和分框，而前后观测值的差异则可以配合基本函数diff的使用来完成。对下列代码的说明具体如下。

1）row_number可以对mass中的各个观测值进行对比，之后按照由小到大的顺序对每个观测值设置一个值来表示其在这一组观测值中的位置。

2）ntile函数可以按照用户自定义的组别，按照百分比对一组观测值进行百分位划分，这里仅设置两组。

3）使用组合函数c配合diff的方式参见3.1.1节，这里可以计算出两个角色之间的身高差。函数diff中的参数lag可以对差异对象进行设置，其默认值为1，即仅计算相邻两个观测值的差值，用户可以自定义为其他整数，比如2，此时函数会计算观测值1和3

的差值，2 和 4 的差值，以此类推。另外，diff 函数还可以对时间日期类型数据进行计算。示例代码具体如下：

```
> starwars_short %>%
select(-species) %>%
mutate(order = row_number(mass),
       ntile = ntile(height,n = 2),
       diff_heigt = c(NA,diff(height)))
## # A tibble: 10 x 6
##    name                height  mass order ntile diff_heigt
##    <chr>                <int> <dbl> <int> <int>      <int>
##  1 Luke Skywalker         172    77     6     2         NA
##  2 C-3PO                  167    75     4     1         -5
##  3 R2-D2                   96    32     1     1        -71
##  4 Darth Vader            202   136    10     2        106
##  5 Leia Organa            150    49     3     1        -52
##  6 Owen Lars              178   120     9     2         28
##  7 Beru Whitesun lars     165    75     5     1        -13
##  8 R5-D4                   97    32     2     1        -68
##  9 Biggs Darklighter      183    84     8     2         86
## 10 Obi-Wan Kenobi         182    77     7     2         -1
```

对数据集中的各个变量列进行类型判定，然后仅对符合标准的变量列进行计算，对于这种问题，dplyr 包中的特色功能 mutate 当然不会缺席。与其他主要函数一样，mutate 也有 mutate_if、mutate_at 和 mutate_all 3 种可以部分自定义功能的函数。下列 3 组示例代码中分别演示了 3 种函数的基本使用方法。这 3 种函数的特点可以总结如下。

1）mutate_if 函数适合在判定变量类型之后，对特定类型变量进行计算。

2）mutate_at 函数适合用于完成计算目标明确的任务，例如，对明确的列，运行一个或多个明确的函数。

3）mutate_all 的使用前提是数据集中的变量类型需要保持一致，否则会引入 NA 或报错。

3 组示例代码具体如下：

```
> starwars_short %>%
mutate_if(.predicate = is.numeric, .funs = as.character) %>%
glimpse()
## Observations: 10
## Variables: 4
## $ name    <chr> "Luke Skywalker", "C-3PO", "R2-D2", "Darth Vader"...
## $ height  <chr> "172", "167", "96", "202", "150", "178", "165", ...
```

```
## $ mass    <chr> "77", "75", "32", "136", "49", "120", "75", "32",...
## $ species <chr> "Human", "Droid", "Droid", "Human", "Human",  ...
  > starwars_short %>%
mutate_at(.vars = vars(height, mass), .funs = funs(.*10)) %>%
glimpse()
  ## Observations: 10
## Variables: 4
## $ name    <chr> "Luke Skywalker", "C-3PO", "R2-D2", "Darth Vader"...
## $ height  <dbl> 1720, 1670, 960, 2020, 1500, 1780, 1650, 970, 1830,
## $ mass    <dbl> 770, 750, 320, 1360, 490, 1200, 750, 320, 840, 770
## $ species <chr> "Human", "Droid", "Droid", "Human", "Human", ...
  > starwars_short %>%
select(height,mass) %>%
mutate_all(.funs = funs(. + 1)) %>%
glimpse()
  ## Observations: 10
## Variables: 2
## $ height <dbl> 173, 168, 97, 203, 151, 179, 166, 98, 184, 183
## $ mass   <dbl> 78, 76, 33, 137, 50, 121, 76, 33, 85, 78
```

（2）mutate 处理 paper_titles 数据集

能够与 mutate 函数搭配使用以进行数据处理的不只有数学函数和符号，各类字符处理函数同样也可以完美契合。paper_titles 数据集中隐藏了一些信息量有限的符号，比如 \u00A0（全角空格）和 \u00F1（带波浪线的拉丁字母 n），在进一步处理之前需要对这类值进行简单的清理，以保证数据的质量。下面的这段示例代码通过分组函数 group_by 和函数 mutate 对数据集 df（paper_titles）进行了新增和更新变量处理，具体说明如下。

1）通过调用函数 n 来标记组内的观测值。函数 n 不需要设置任何参数，若数据集中包含了分组信息，则自动携带每组所包含的观测值数，如果数据集未分组则为全部观测值的总数。

2）使用 gsub 函数对 authors 列进行更新，更新的规则为去除所有的页码信息（pp\\.\\s\\d.+）和指定的两个国际码（\u00A0|\u00F1）。这里在 mutate 内部使用了管道函数，是希望读者能够在使用 dplyr 包进行练习时，通过大量使用管道函数来清楚地记录数据处理及计算过程中的逻辑，以期用最短的时间构建自己的一套数据分析流程图。

3）按照与处理 authors 列相同的逻辑处理 titles 列。

示例代码具体如下：

```
> df_cleaned_1 <- df %>%
group_by(year) %>%
mutate(paperID = 1:n(),
        authors = authors %>%
            gsub(pattern = "pp\\.\\s\\d.+|\u00A0|\u00F1",replacement = ""),
        titles = titles %>%
            gsub(pattern = "\u00A0|\u00F1",replacement = ""))
```

完成清理之后，一般推荐用户进行一些简单的测试，以确保清理所用的代码能够达到最初设想的效果。检测文本类型数据最简单的办法就是使 grep 函数配合简单的正则表达式。这里的代码演示直接将上例中的正则表达式复制了过来。感兴趣的读者可以试试自己设置一些更加宽泛的正则表达式，比如“\\W”（非英文文字字符）。示例代码具体如下：

```
> grep("pp\\.\\s\\d.+|\u00A0|\u00F1", x = df_cleaned_1$authors, value = TRUE)
## character(0)
> grep("pp\\.\\s\\d.+|\u00A0|\u00F1", x = df_cleaned_1$titles, value = TRUE)
## character(0)
```

函数 mutate 的使用方式可以算得上是大繁若简。看似简单的两个参数，其实包含了千万种变化，所以限制用户使用 dplyr 包进行数据处理和分析的不是 R 包本身，而是我们自身的想象力。本节只是简单地介绍了一些 mutate 常见的搭配形式，可以肯定的是不同的用户和不同的数据集会有更多巧妙的搭配，所以强烈推荐读者不断地尝试各种组合，敢于试错，并在错误中寻求突破。

3. summarise 和它的小帮手们

前期所有的数据清洗和处理都是为了能够准确地进行总结计算。函数 summarise 或 summarize 是功能完全一致的两个函数，区别仅在于英式拼写和美式拼写的不同。本节会以 summarise 的形式来介绍总结性计算。通常情况下的数据分析，用户需要计算的指标可以分为两大类：集中性指标和离散性指标。前者包括均值、众数和中位数等反映数据集中情况的指标，后者则包括标准差和区间等反映样本离散程度的指标。

下面的这组代码演示了一种最基本的总结性计算流程。starwars_short 数据集按照种族可分为机器人和人类两组，然后调用 summarise 函数计算关于变量 mass 的一些简单的统计指标，具体内容如下。

1）mass 平均值，使用基本函数 mean。推荐读者将参数 na.rm 设置为真，以确保计算结果不会受到默认值的干扰，尤其是观测值数量较多的情况。

2）height 平均值，同上。

3）观测值（样本）数量，函数 n 会给出每组内的观测值数量。通常情况下的生物统计学分析中，观测值数量是必要指标之一，因为观测值是计算标准误差（反映抽样误差的大小）的要素。

4）mass 标准差，直接使用 sd 函数实现。标准差能够帮助用户理解观测值相对于均值的离散程度。标准差越小，代表数据相对越集中，反之数据集就越分散。

5）mass 标准误差，需要通过基本数学符号配合函数 sqrt（开平方）来完成公式计算。公式为平均值除以开平方的观测值数量。简单的描述性总结计算并不需要标准误差，尤其是在样本数量足够大的时候，这里只是展示给读者其使用方法，这个数据集的标准误差计算结果并没有任何实际的意义。

实现代码具体如下：

```
> starwars_short %>%
group_by(species) %>%
summarise(avg_mass = mean(mass, na.rm = TRUE),
          avg_height = mean(height, na.rm = TRUE),
          n = n(),
          sd_mass = sd(mass, na.rm = TRUE),
          se = sd_mass/sqrt(n))
## # A tibble: 2 x 6
##   species avg_mass avg_height     n sd_mass    se
##   <chr>      <dbl>      <dbl> <int>   <dbl> <dbl>
## 1 Droid       46.3        120     3    24.8  14.3
## 2 Human       88.3        176     7    29.7  11.2
```

上述示例代码中的计算，可以简单概括为如下 3 点结论。

1）人类平均体重要比机器人重些。

2）人类平均身高要比机器人高些。

3）人类体重分布范围比机器人更大些。

下面的演示代码中简单罗列了 summarise 另外几种常见的搭配函数。变量的最大值、最小值可以通过函数 max 和 min 来查找，中位数可使用 median 函数。变量的范围值可以通过两种方法来实现。第一种是将变量的最大值和最小值进行直接差值计算，第二种则可以使用 diff 和 range 函数来进行计算，range 函数会返回一个含有最大值和最小值的向量，而后通过 diff 函数求得差值。众数的计算在 baseR 中没有现成的函数可以使用，通常情况下需要调用 table 函数来进行频次统计之后再提取到众数。另外，还可以通过简单的直方图来了解众数及数据分布的情况。

示例代码具体如下：

```
> starwars_short %>%
group_by(species) %>%
summarise(max_mass = max(mass, na.rm = TRUE),
          min_mass = min(mass, na.rm = TRUE),
          median_mass = median(mass, na.rm = TRUE),
          range_mass = max_mass-min_mass,
          range = diff(range(mass, na.rm = TRUE))
## # A tibble: 2 x 5
##   species max_mass min_mass median_mass range_mass range
##   <chr>      <dbl>    <dbl>       <dbl>      <dbl> <dbl>
## 1 Droid         75       32          32         43    43
## 2 Human        136       49          77         87    87
```

数据经过总结性计算之后，用户可能需要将计算结果进行简单的可视化以便于更好地展示数据中的信息。借助管道函数的帮助，用户可以轻松地将 summarise 的结果直接传递给 ggplot 来进行可视化（如图 3-1 所示）。下面的代码演示将可视化操作直接置于下述代码的下方。这样做的好处在于，用户基本上可以实时调整计算指标来达到满意的可视化效果。略有挑战性的地方可能是如何构建可视化部分的代码。在这个示例中，可视化部分的代码可以进行如下理解。

1）调用 ggplot 函数，使用 summarise 的计算结果作为可视化对象数据集，之后将变量 species 置于 aes 中作为图标的 x 轴。

2）在前面的构图基础上，增加一个点图层，调用数据集 starwars_short，使用原变量 mass 作为图标的 y 轴。这样做的目的是为了展现总结性计算结果与原数据的相对关系。

3）再增加一个误差条图层，这里使用的仍然是 summarise 函数的计算结果，在参数 aes 中可以通过对误差条的上限和下限进行设置来可视化其具体范围。

4）使用默认的经典主题。

实现代码具体如下：

```
> starwars_short %>%
group_by(species) %>%
summarise(avg_mass = mean(mass, na.rm = TRUE),
          avg_height = mean(height, na.rm = TRUE),
          n = n(),
          sd_mass = sd(mass, na.rm = TRUE),
          se = sd_mass/sqrt(n)) %>%
ggplot(aes(species))+
geom_point(data = starwars_short, aes(y = mass))+
```

```
geom_errorbar(aes(ymin = avg_mass - se, ymax = avg_mass + se))+
theme_classic()
```

运行结果如图 3-1 所示。

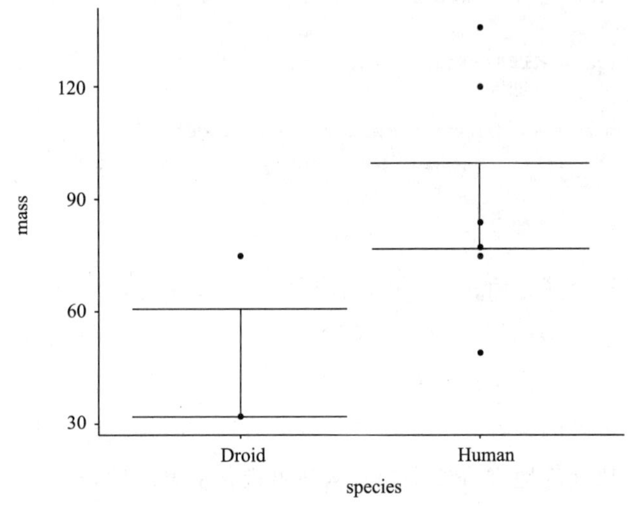

图 3-1 星球大战中 10 名主要角色体重数据探索性分析。

更多关于数据可视化的内容，读者可以参考《ggplot2》一书，以了解不同类型的数据最佳的呈现方式及优缺点。

总结性计算中如有多个变量需要进行相同的计算时，最稳妥、保守的方式是类似于第一组代码中演示的一样，对多个不同的变量调用若干次相同的函数（对 mass 和 height 两个变量分别调用 mean 函数）。但是当变量数较多时，多次调用相同的函数可以采取更简洁、高效的方式，summarise_all/if/at 三个函数提供了一种捷径——对多个变量进行批处理。

首先介绍 summarise_all，该函数会对指定数据集的全部变量进行指定的一个或多个函数计算（代码清单 3-2）。当数据集中的变量类型一致时，比如同为数字型变量，则计算过程会很顺畅。但通常情况下，一个数据框格式的数据集一般都包含了不同类型的变量，这时函数 summarise_all 会按照其参数“.funs”内列出函数的要求，对符合输入类型的变量进行计算，而对其他不满足条件的变量进行强制 NA 处理，并且发出警告信息。

因为 starwars_short 中的角色名称为字符型数据，因此对其运行 mean 和 sd 函数时，将引入 NA 以示不合标准。需要提醒读者注意的一点是，分组变量不参与任何计算。

代码清单3-2 summarise_all基本使用示例

```
> starwars_short %>%
group_by(species) %>%
summarise_all(.funs = funs(mean, sd,.args = list(na.rm = TRUE)))
## Warning in mean.default(name, na.rm = TRUE): argument is not numeric or
logical: returning NA
## Warning in mean.default(name, na.rm = TRUE): argument is not numeric or
logical: returning NA
## Warning in var(if (is.vector(x) || is.factor(x)) x else as.double(x),
na.rm = na.rm): 强制改变过程中产生了NA
## Warning in var(if (is.vector(x) || is.factor(x)) x else as.double(x), na.rm
= na.rm): 强制改变过程中产生了NA
## # A tibble: 2 x 7
##   species name_mean height_mean mass_mean name_sd height_sd mass_sd
##   <chr>       <dbl>       <dbl>     <dbl>   <dbl>     <dbl>   <dbl>
## 1 Droid          NA         120      46.3      NA      40.7    24.8
## 2 Human          NA         176      88.3      NA      16.2    29.7
```

函数summarise_if和summarise_at为用户提供了一定的自定义空间。前者可以通过自定义变量筛选条件，后者可以指定需要计算的变量。以下两组代码中关于summarise的部分的解释具体如下。

1）如果变量为数字型（.predicate = is.numeric），则对符合要求的变量进行mean、sd、max和min的运算，运算中将默认值排除在外。

2）对变量height和mass（通过函数vars来设置参数“.vars”），进行同上所述的操作。

示例代码如下：

```
> starwars_short %>%
group_by(species) %>%
summarise_if(.predicate = is.numeric, .funs = funs(mean, sd, max, min),
na.rm = TRUE)
## # A tibble: 2 x 9
##   species height_mean mass_mean height_sd mass_sd height_max mass_max
##   <chr>         <dbl>     <dbl>     <dbl>   <dbl>      <dbl>    <dbl>
## 1 Droid           120      46.3      40.7    24.8        167       75
## 2 Human           176      88.3      16.2    29.7        202      136
## # ... with 2 more variables: height_min <dbl>, mass_min <dbl>
> starwars_short %>%
group_by(species) %>%
summarise_at(.vars = vars(height, mass), .funs = funs(mean, sd, max, min),
na.rm = TRUE)
```

```
## # A tibble: 2 x 9
##   species height_mean mass_mean height_sd mass_sd height_max mass_max
##   <chr>         <dbl>     <dbl>     <dbl>   <dbl>      <dbl>    <dbl>
## 1 Droid           120      46.3      40.7    24.8        167       75
## 2 Human           176      88.3      16.2    29.7        202      136
## # ... with 2 more variables: height_min <dbl>, mass_min <dbl>
```

通过以上示例，我们不难发现批处理不但简化了代码，而且还会对计算结果进行自动命名，以确保数据的准确性和逻辑性。

3.3　文本挖掘实操

经过了第 1 章的数据读取，第 2 章的数据清洗，加上第 3 章的数据计算，数据分析最基本的三步已经基本介绍完毕，接下来的部分会将 tidyr 和 dplyr 包中比较重要且常用的函数结合起来，配合简单的可视化，浅显地讨论一下探索性数据分析的基本流程和概念。

如图 3-2 所示的是基本数据分析的流程图。当用户完成了数据的初步清理和计算之后，探索性数据分析可以看作是整个数据分析过程（从数据读取到最后的数据结果报告）最核心的部分。探索性数据分析的完善程度将决定最终数据报告的质量。其实，数据分析中的所有步骤都是互相关联的。比如，探索性数据分析会借助很多可视化工具来完成。下面列举一些简单的可视化手段。

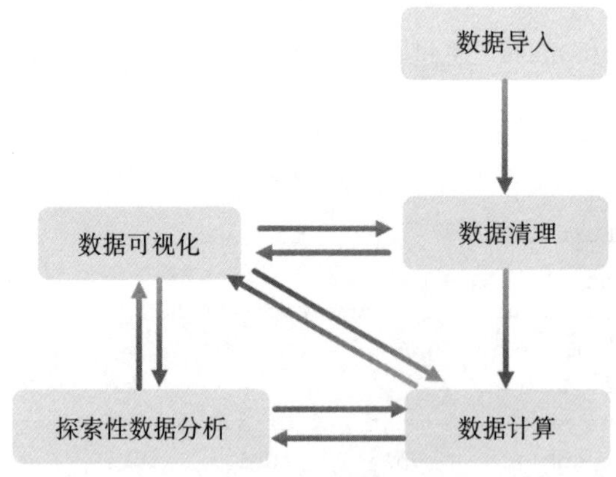

图 3-2　基本数据分析流程图

1）对清理后的数据直接进行点图（3.2.3 节第 3 小节中的 geom_point）或直方图（geom_histogram）可视化，以观察数据值的总体分布情况。

2）对完成总结性计算后的数据进行比较作图（3.2.3 节第 3 小节中的 geom_errorbar）来检视样本抽样的误差情况。

3）对完成回归分析后的数据进行残差可视化，以检测模型的准确性。

每一次可视化的结果都可能会影响探索性数据分析，进而需要用户再次确认数据集是否已彻底清理干净，或者计算是否准确。所有的这些步骤都是在互动之后才可以最终确认数据报告的方向，以使数据报告可以最大限度地揭示数据中隐藏的信息。

代码清单 3-3 中将会介绍实际数据分析过程中的互动过程。数据集仍然使用 3.2.3 节的第 2 小节中清理后的 paper_titles 数据集（被保存为 df_cleaned_1）。这里假定分析目标为，参与期刊写作排名前 5 的作者。在原数据集中，每篇期刊都有多个作者，所以首先需要对作者这一变量进行深加工，而后再进行简单的清洗、分组、计算等步骤，最后将结果可视化（如图 3-3 所示）。

代码清单3-3　文本挖掘实操基本流程示例

```
  > df_cleaned_1 %>%
separate(authors, into = c(paste0("author_", 1:20)), sep = ",|and") %>%
gather(key = author_order, value = names, -year, -paperID, -titles) %>%
filter(!is.na(names), names!="") %>%
group_by(names) %>%
count(sort = T) %>%
ungroup() %>%
top_n(5)%>%
mutate(names = fct_reorder(names, n)) %>%
ggplot(aes(names, n))+
geom_point()+
theme_classic()+
coord_flip()+
geom_text(aes(label = n),hjust = -0.3)+
labs(title = "Top 5 authors")
    ## Warning: Expected 20 pieces. Missing pieces filled with 'NA' in 27 rows
        [1, 2, 3, 4, 5, 6, 7, 8, 9, 10, 11, 12, 13, 14, 15, 16, 17, 18, 19,
        20, ...].
    ## Selecting by n
```

下面是对代码的具体解释。

1）函数 separate 用于分隔不同作者的名字，分隔符为逗号或英文单词 and，并将这些名字按照其原有顺序放置于不同的变量中。因为我们并不知道每一篇期刊中具体包括多少位作者，因此这里调用了 paste0 函数来创建 20 个变量列。如果有期刊中的作者多于 20 位，则函数本身的警告信息会提示具体的行号，用户可以借此完善函数的参数设置；若少于 20 位作者，则警告信息如代码后的文字。

2）函数 gather 用于将“宽”数据转置成“长”数据形式以方便后续的清洗。

3）函数 filter 用于去除变量 names 中的空白值和默认值。

4）函数 group_by 用于按照变量 names 对数据集进行分组。

5）函数 count 对分组后的数据进行计数，并排序；需要注意的是，因为某一作者可能会参与多篇期刊的写作，所以一篇期刊可能会被重复计数。不过因为假定分析目标只考虑作者的参与次数，所以重复计数并不影响完成分析目标。

6）函数 ungroup 用于消除分组，否则筛选函数 top_n 会从每组之内进行筛选。

7）函数 top_n 用于选择计数排名前五的观测值。

8）函数 mutate 配合 fct_reorder 可以将 names 变量按照计数结果 n 进行重新排列，以方便作图。

9）函数 ggplot 及相关代码可用于完成作图。

如图 3-3 所示，读者不难发现 y 轴的作者名似乎有很多重复，比如 S. Maley 分别出现在第 1 位和第 6 位。这样的结果肯定不符合预期，说明数据集并未被彻底清理干净，很有可能作者名字前后有空格键的存在，才导致这种情况的发生。文本数据中的空格虽然无法用肉眼观察到，但空格还是占据了存储空间的，简单的可视化即可以帮助用户发现类似这样的问题。

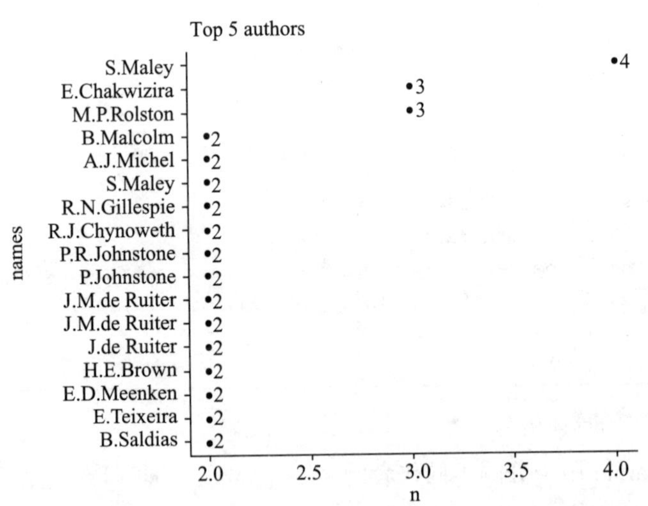

图 3-3　新西兰农艺学报 2015～2017 年作者参与期刊数量排名

为了得到可靠的结果，需要对数据进行再处理。处理的方式很简单，只需再增加一行代码，使用 mutate 函数配合简单的正则表达式将变量 names 中每个观测值之前和结尾的空格处理掉，其他代码则无须更改。修改后的代码如下：

```
> df_cleaned_1 %>%
separate(authors,into = c(paste0("author_", 1:20)), sep = ",|and") %>%
gather(key = author_order, value = names, -year, -paperID, -titles) %>%
filter(!is.na(names), names!="") %>%
mutate(names = gsub("^\\s|\\s$","", names)) %>%
group_by(names) %>%
count(sort = T) %>%
ungroup() %>%
top_n(5)%>%
mutate(names = fct_reorder(names,n)) %>%
ggplot(aes(names,n))+
geom_point()+
theme_classic()+
coord_flip()+
geom_text(aes(label = n),hjust = -0.3)+
labs(title = "Top 5 authors")
```

```
## Warning: Expected 20 pieces. Missing pieces filled with 'NA' in 27 rows [1,
   2, 3, 4, 5, 6, 7, 8, 9, 10, 11, 12, 13, 14, 15, 16, 17, 18, 19, 20, ...].

## Selecting by n
```

处理空格之后的可视化结果如图 3-4 所示，图 3-4 中对数据的展示明显要更加精炼和明确。因为计数变量 n 的数据类型为数字型，所以图 3-4 中 x 轴是以连续变量的形式来呈现的。如果需要另外的呈现方式，则用户需要对可视化部分的代码进行调整，具体可以参考帮助文档或 ggplot 的网站。类似于这样多次在数据分析的不同阶段之间进行互动，是数据分析过程中必不可少也是最耗时的部分，但随着用户数据分析经验和代码熟练程度的累积，效率会成倍地提升。

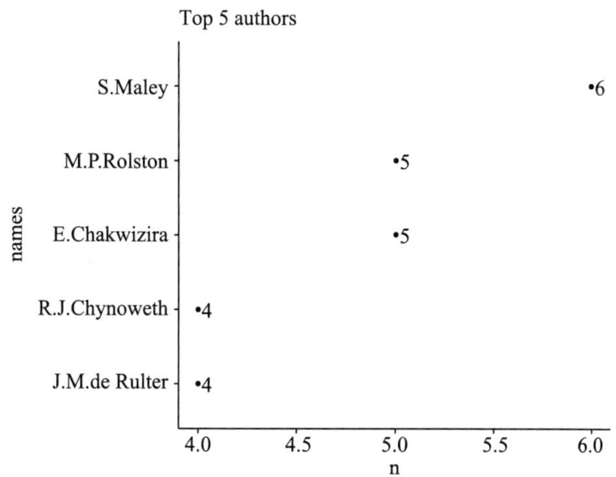

图 3-4　新西兰农艺学报 2015～2017 年作者参与期刊数量排名（准确版）

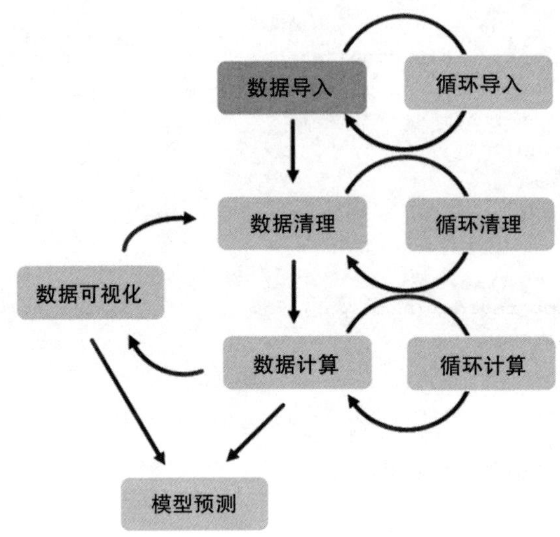

第 4 章

基本循环——loops 和 *apply

早在计算机发明之前，循环（抑或迭代）的概念就已经存在了。人们将制造物品的流程按照步骤固定下来，每一次都重复相同的步骤，来制造同一种物品。这种将一个固定的工艺流程重复有限次的做法，就是所谓的循环。现在用户可以使用各种编程语言，来驱使计算机帮助我们完成一整套数据分析的流程，然后对同样的数据集进行该流程的循环。能够自由运用循环来处理数据，也是成为一名数据达人的必备技能。本章将要介绍的内容具体如下。

1）for 循环的基本概念及简单的构建。

2）while 循环的基本概念及简单的构建。

3）apply 家族函数的基本概念及简单的应用。

完成本章的学习后，希望读者能够对 for、while 和 apply 函数家族有基本的理解，并且能够自定义简单的循环。

4.1　for 循环

4.1.1　基本概念

循环或者迭代一般可以通过流程图来帮助理解，这种方式比较容易。如图 4-1 所示的是最基本的 for 循环图解。

for 循环的一般结构具体如下。

1）设置初始值，对应于图 4-1 中的第一个方形。

2）判别机制，对应于图 4-1 中的菱形。当判别结果为真时，才会执行下一步，否则退出循环。

3）命令主体，对应于图 4-1 中的第二个方形。

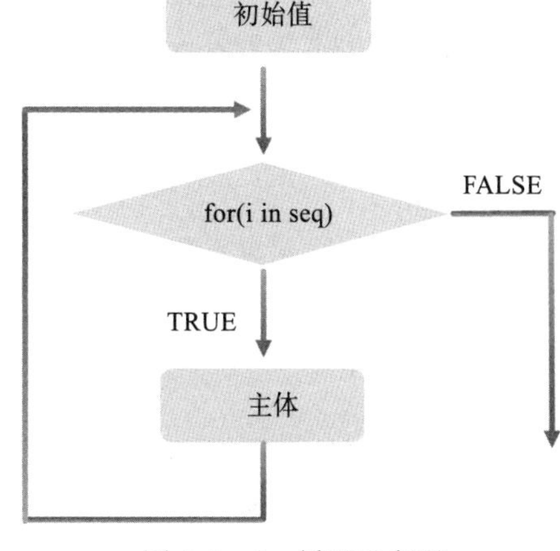

图 4-1　for 循环示意图

初始值并不一定是一个数值。初始值泛指在循环主体中用户需要对其执行函数命令的对象，因此初始值既可以是一个数值，又可以是一个网页链接，还可以是一串字符或者更复杂的对象。

在 for 循环中，判别机制可以理解为如下两项内容。

1）如果当前执行的变量（var）仍在初始值范围之内，则继续执行主体中的命令。

2）如果当前变量超出了初始值内所包含的所有内容的长度，则跳出循环。比如一个初始值对象内包含了三个整数，则该对象的长度为 3，那么循环依次对该对象内的 3 个整数执行命令后，第 4 次循环将被打断，因为循环 4 超出了判别机制规定的范围。4.1.2 节会对此进行更加详细的讨论，以帮助读者理解循环机制。

主体的构成可以极其简单，例如，仅仅在 console 中打印初始值的内容；也可以异常复杂，比如对三维数组（array）进行二维化，并掺杂数据集重建、数据计算、绘图和模型预测等功能。所以构建主体部分最稳妥的办法是由简入繁。而时刻保持一个清晰的逻辑结构，是构建循环主体的必备要素。在构建主体部分之前，建议读者能够整理出一个简略的路线图，通过简单文字语言来帮助自己构建代码的逻辑，比如第一步需要导入数据，第二步需要清理数据，第三步需要计算数据，等等。在构建循环主体部分时，遵照事先整理好的思路，一般能够更加高效地完成一个循环的构建。

4.1.2 基本构建过程

按照由简入繁的原则，下面我们从最简单的加法运算开始。代码清单 4-1 演示了使用 cat 函数来展示整数 1 到 5 分别加 1 的等式和计算结果。用户当然可以轻松地运用 R 中的默认循环使用单一向量的规则，来完成如此简单的数学运算。不过这里想要读者理解的是循环的基本概念，所以使用了 cat 函数来将等式和计算结果粘贴后再显示出来。在这 5 行 cat 代码中，除了被黑框圈中的部分之外，其他部分完全相同。也就是说，黑框中的部分是唯一的变化部分（对应于图 4-1 菱形框中的 *i*）。

代码清单4-1　使用cat函数确认计算规则

```
> cat("1 + 1 =", 1+1, "\n")
> cat("1 + 2 =", 1+2, "\n")
> cat("1 + 3 =", 1+3, "\n")
> cat("1 + 4 =", 1+4, "\n")
> cat("1 + 5 =", 1+5, "\n")
## 1 + 1 = 2
## 1 + 2 = 3
## 1 + 3 = 4
## 1 + 4 = 5
## 1 + 5 = 6
```

明确了变量之后，构建 for 循环其实很简单。代码清单 4-2 实现了与 5 行 cat 代码相同的功能。在 R 中，通常用小写字母 *i* 来代表变量，用户可以自定义任何字母，只要判别部分的变量与主体命令中的一致即可。代码清单 4-2 可以按照顺序解释为如下内容。

1）创建一个 for 循环，如果变量在 1 到 5 的范围之内，则运行主体函数。

2）主体函数部分为，使用 cat 将 1 加变量 1 到 5 的数学运算等式与结果整合在一起显示出来。

代码清单4-2　基础for循环

```
    > for(i in 1:5) {
  cat("1 + ",i, " = ", 1 + i,"\n")
}

    ## 1 +  1  =  2
## 1 +  2  =  3
## 1 +  3  =  4
## 1 +  4  =  5
## 1 +  5  =  6
```

循环函数的书写方式并没有统一的规定，不过为了增强可读性，一般推荐大括号的前半部分和 for 单独成行，主体函数命令部分自成一部分，最后一行为大括号的后半部分并与 for 对齐。若是只执行简单的循环函数功能，则一行代码也能够完成任务。见代码清单 4-3。

代码清单4-3　简化版for循环

```
> for(i in 1:5) cat("1 + ",i, " = ", 1 + i,"\n")
```

变量 *i* 在这个例子中其实是位置索引值。数学运算的例子可能无法提供非常直观的感受，代码清单 4-4 中的例子通过字符串向量来展示变量 *i* 在 for 循环中的含义。首先，创建一个字符串向量“ This is my first loop”（这是我的第一个循环）。请读者注意，使用该方式创建的向量长度为 1，因此函数 strsplit 和 unlist 用于将向量拆分为独立的单词：按照空格将长度为 1 的字符串向量拆分成空格数量 +1 的字符串向量并返回为列表；将列表平整为字符串向量。然后依次显示出句子中的每个单词。被拆分后的对象 a 中包含了 5 个值，因此需要按照顺序对 a 进行子集筛选。

代码清单4-4　确认非数字型向量的循环模式

```
  > a <- c("This is my first loop") %>%
strsplit(" ") %>% unlist()
    > print(a[1])
    > print(a[2])
    > print(a[3])
    > print(a[4])
    > print(a[5])
    ## [1] "This"
    ## [1] "is"
    ## [1] "my"
    ## [1] "first"
    ## [1] "loop"
```

因为对象 a 为字符串向量，所以这里需要调用 length 函数来检测其中的数值个数，并以其结果来构建 for 循环的判别范围。然后在主体函数部分，以变量 *i* 来作为位置索引值筛选对象 a 中的字符串。用户也可以不借助其他函数来明确范围，而是直接使用 for 循环对字符串向量进行引用，例如代码清单 4-5 所示。

代码清单4-5　for循环代码两种语句完成同一任务目标

```
    > for(i in 1:length(a)) print(a[i])
## [1] "This"
```

```
## [1] "is"
## [1] "my"
## [1] "first"
## [1] "loop"
    > for(i in a) print(i)
## [1] "This"
## [1] "is"
## [1] "my"
## [1] "first"
## [1] "loop"
```

下面的代码演示的是如何使用cat函数来构建含义更加明确的循环结果输出。读者应该已经发现主体函数部分包含两个变量 *i*，这两个变量 *i* 在不同的位置提供了不同的输出结果。第一个独立出现的 *i* 直接输出其代表的整数型数字，而第二个出现在中括号中的 *i* 则是作为位置索引值来筛选对象a中的字符串。示例代码如下：

```
> for(i in 1:length(a)) {
    cat("单词",i, "是: ", a[i],"\n")
}
## 单词 1 是:  This
## 单词 2 是:  is
## 单词 3 是:  my
## 单词 4 是:  first
## 单词 5 是:  loop
```

如代码清单4-2所示，初始值并未被事先设定，而代码清单4-5中的字符串向量a则是预先设置好的初始值。也就是说，初始值并非一定要提前设置好，在书写判别式中的范围时，同样也可以进行创建。不过，在涉及for循环的实际应用时，初始值通常代表着用户需要处理的对象，而预先设置初始值是公认的可以提高for循环效率的绝招之一。

通过上文两个简单的代码演示，书写for循环代码的简要流程可以归纳如下。

1）复制粘贴已经成功运行的代码来确定变量 *i*。

2）使用'length'函数来协助生成判别机制内的范围。

3）在已经成功执行过的代码中，将最核心的一段复制到for循环的主体部分，也就是大括号内的部分，并将变量替换为 *i*。在这一步中，用户需要注意变量 *i* 是作为具体的整数数值，还是作为位置索引值。

小技巧

'seq_along' 函数可以代替范围生成的 1:length(a) 部分。在适当的情况下使用 'seq_along' 或 'seq_len' 不但可以提高代码的效率，同时也能使代码更具通用性和更少出错。

4.1.3　简单应用

循环的应用场景不胜枚举，最简单最实用的应用当属大批量的数据读取。如果用户希望手动读取一个或多个文件夹内的全部数据文件，则可能需要复制粘贴成百上千次数据读取函数，例如 read.csv。而每完成一次读取，又要将其读取后的数据框和下一个读取完成的数据框进行整合。这一枯燥无味的过程可以使用 for 循环来完美地解决。

代码清单 4-6 实现的是，将指定文件夹内的全部 .csv 文件，读取到 R 中，并将这些数据集首尾相连转换成用户最熟悉的数据框格式。下面的代码可按照顺序解释为如下内容。

1）调用 list.files 函数来查找“RawData”文件夹中所有的“.csv”文件，并将这些文件的绝对路径和文件名保存到名为 filenames 的对象中。

2）创建初始值 data，为一个空列表。

3）调用 seq_along 函数来帮助创建 for 循环的范围。

4）调用 read.csv 来读取对象 filenames 中的第 *i* 个文件，并将读取后的数据框保存至空列表初始值的第 *i* 个元素。

5）调用 do.call 将列表中的数据框元素按照行（rbind），首尾相连转换成一个大数据框，这个数据框中包括“RawData”文件夹内的所有原始数据。

6）调用 str 函数来初步检视数据框。

代码清单4-6　for循环批量读取文件

```
> filenames <- list.files("RawData/", pattern = "*.csv",full.names = T)
> data <- list()
> for(i in seq_along(filenames)){
data[[i]] <- read.csv(filenames[i],stringsAsFactors = F)
}
> df <- do.call(rbind, data)
> str(df)
## 'data.frame':    150 obs. of  12 variables:
```

```
## $ Sepal.L..Setosa    : num 5.1 4.9 4.7 4.6 5 5.4 4.6 5 4.4 4.9
## $ Sepal.W..Setosa    : num 3.5 3 3.2 3.1 3.6 3.9 3.4 3.4 2.9 3.1
## $ Petal.L..Setosa    : num 1.4 1.4 1.3 1.5 1.4 1.7 1.4 1.5 1.4 1.5
## $ Petal.W..Setosa    : num 0.2 0.2 0.2 0.2 0.2 0.4 0.3 0.2 0.2 0.1
## $ Sepal.L..Versicolor: num 7 6.4 6.9 5.5 6.5 5.7 6.3 4.9 6.6 5.2
## $ Sepal.W..Versicolor: num 3.2 3.2 3.1 2.3 2.8 2.8 3.3 2.4 2.9 2.7
## $ Petal.L..Versicolor: num 4.7 4.5 4.9 4 4.6 4.5 4.7 3.3 4.6 3.9
## $ Petal.W..Versicolor: num 1.4 1.5 1.5 1.3 1.5 1.3 1.6 1 1.3 1.4
## $ Sepal.L..Virginica : num 6.3 5.8 7.1 6.3 6.5 7.6 4.9 7.3 6.7 7.2
## $ Sepal.W..Virginica : num 3.3 2.7 3 2.9 3 3 2.5 2.9 2.5 3.6
## $ Petal.L..Virginica : num 6 5.1 5.9 5.6 5.8 6.6 4.5 6.3 5.8 6.1
## $ Petal.W..Virginica : num 2.5 1.9 2.1 1.8 2.2 2.1 1.7 1.8 1.8 2.5
```

如此应用并非一劳永逸的数据读取解决方案，尤其是当用户需要处理多个“脏数据”时。当一个或多个原始数据文件中的列数不同时，上述代码将会在整合部分报错，具体案例和详细解释请参见第 6 章。

4.2 while 循环

4.2.1 基本概念

如图 4-2 所示的是一个基本的 while 循环示意图。除了菱形内部的内容变为“条件”之外，while 循环和 for 循环的其他部分基本一致。对比 for 循环来理解 while 循环，两者的相同之处在于都可以多次执行重复命令。不同点在于，while 循环通过设置“条件”来决定是否运行函数主体，而 for 循环则一般已知需要循环的次数，并使用这一次数范围来控制函数主体运行与否。换句话来讲就是，当用户已知一项任务需要执行的次数时，一般推荐使用 for 循环；当任务执行次数未知，但已知任务执行条件时，推荐使用 while 循环。举例来说，已知一个应用运行的条件是若用户输入正整数则执行主体函数部分，否则停止该应用。用户可能会输入 10 次或 100 次正整数来执行该应用，而只需要输入一次 0 或负数即可终止循环。

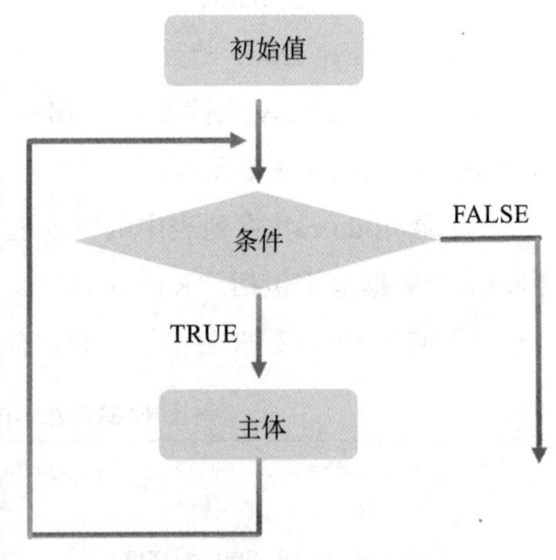

图 4-2 while 循环示意图

因为 while 循环通过条件判别逻辑是或非，所以用户有必要掌握最基本的逻辑运算符（参见 3.1.2 节）。

在 while 循环的主体部分，通常会有流程控制函数（for 循环中的流程控制也很常见），比如 break 或 next，来避免 while 进入无限循环，4.2.2 节中的代码演示会简要讨论死循环以及如何避免陷入死循环。

4.2.2　基本构建过程

同样使用解释 for 循环的数学计算等式的例子，代码清单 4-7 采用了 while 循环来完成相同的任务。对比代码清单 4-2，while 循环的代码与 for 循环具有 3 处不同，具体如下。

1）初始值 *i* 被设置为 1。如果不设置初始值，则 while 循环会报错无法找到对象 *i*。

2）判别条件为 *i* 小于等于 5。

3）对象 *i* 在每次循环运行时会加 1。

所以该 while 循环可以解释为，设置对象 *i* 为整数 1，当 *i* 值小于等于 5 为真时，运行一次循环。循环中的内容为：计算对象 *i* 加 1，并将计算结果和公式在 console 中显示，每个等式为一行，最后在循环结束之前将对象 *i* 加 1。

代码清单4-7　while循环基本结构

```
> i <- 1
> while(i <= 5) {
cat("1 + ",i, " = ", 1 + i,"\n")
i <- i + 1
}
## 1 +  1  =  2
## 1 +  2  =  3
## 1 +  3  =  4
## 1 +  4  =  5
## 1 +  5  =  6
```

当 while 循环运行至第五次的时候，*i* 在循环开始之前为 5，在循环之后因为加 1 变为 6，如此一来，*i* 值在第六次循环时已经无法满足小于等于 5 的条件，因此循环终止。而初始值也停留在了 6 上，代码如下：

```
> i
## [1] 6
```

如果用户不对初始值进行递增操作，或者使用其他流程控制函数，则 while 循环会因为初始值始终满足判别条件，从而无限次的运行循环，直到电脑资源被耗尽而卡死，或者用户手动终止循环。终止循环的方法有若干种，使用 Rstudio 的用户可以点击红色的 STOP 按钮来打断代码的运行。下面的示例代码截取了一部分死循环的内容：

```
> i <- 1
> while(i <= 5) {
cat("1 + ",i, " = ", 1 + i,"\n")
}
## 1 +  1  =  2
## 1 +  1  =  2
## 1 +  1  =  2
## 1 +  1  =  2
## 1 +  1  =  2
......
```

应对非数字型向量时，while 循环便没有了 for 循环的灵活性，因为其判别条件的书写规则并没有为用户提供很大的自定义空间。因此使用 while 循环时，用户一般只能采用按照 *i* 为位置索引值的方式来使用。下面的代码将 4.1.2 节中 for 循环的例子转换成了以 while 循环来实现的示例。首先，创建字符串向量，然后设置初始值，最后书写 while 循环。循环的判别条件为当 *i* 值小于等于 a 的长度值时，运行 while 循环的主体。主体部分打印显示单词的位置和具体单词，并在循环结束前对 *i* 加 1。示例代码如下：

```
> a <- "This is my first loop" %>%
strsplit(" ") %>% unlist()
> i <- 1
> while(i <= length(a)) {
cat("单词",i, "是:  ", a[i],"\n")
i <-  i + 1
}
## 单词 1 是:   This
## 单词 2 是:   is
## 单词 3 是:   my
## 单词 4 是:   first
## 单词 5 是:   loop
```

4.2.3 简单应用

下面的代码同样是将 for 循环中的应用示例（代码清单 4-6）转换成以 while 循环

的方式来实现。同样预先设置好初始值 *i*，以及主体部分对 *i* 值的递增。实现代码具体如下：

```
> filenames <- list.files("RawData/", pattern = "*.csv",full.names = T)
> data <- list()
> i <- 1
> while(i <= length(filenames)){
  data[[i]] <- read.csv(filenames[i],stringsAsFactors = F)
  i <- i + 1
}
> df <- do.call(rbind, data)
> str(df)
## 'data.frame':    150 obs. of  12 variables:
##  $ Sepal.L..Setosa    : num  5.1 4.9 4.7 4.6 5 5.4 4.6 5 4.4 4.9 ...
##  $ Sepal.W..Setosa    : num  3.5 3 3.2 3.1 3.6 3.9 3.4 3.4 2.9 3.1 ...
##  $ Petal.L..Setosa    : num  1.4 1.4 1.3 1.5 1.4 1.7 1.4 1.5 1.4 1.5
##  $ Petal.W..Setosa    : num  0.2 0.2 0.2 0.2 0.2 0.4 0.3 0.2 0.2 0.1
##  $ Sepal.L..Versicolor: num  7 6.4 6.9 5.5 6.5 5.7 6.3 4.9 6.6 5.2 ...
##  $ Sepal.W..Versicolor: num  3.2 3.2 3.1 2.3 2.8 2.8 3.3 2.4 2.9 2.7
##  $ Petal.L..Versicolor: num  4.7 4.5 4.9 4 4.6 4.5 4.7 3.3 4.6 3.9 ...
##  $ Petal.W..Versicolor: num  1.4 1.5 1.5 1.3 1.5 1.3 1.6 1 1.3 1.4 ...
##  $ Sepal.L..Virginica : num  6.3 5.8 7.1 6.3 6.5 7.6 4.9 7.3 6.7 7.2
##  $ Sepal.W..Virginica : num  3.3 2.7 3 2.9 3 3 2.5 2.9 2.5 3.6 ...
##  $ Petal.L..Virginica : num  6 5.1 5.9 5.6 5.8 6.6 4.5 6.3 5.8 6.1 ...
##  $ Petal.W..Virginica : num  2.5 1.9 2.1 1.8 2.2 2.1 1.7 1.8 1.8 2.5
```

感兴趣的读者可以试着练习两种循环之间的转换，以帮助理解循环三大构成要素（初始值、判别机制和主体）之间的关系。

对于一般性的循环应用，while 循环在大多数情况下都可以使用 for 循环来替代完成。本书虽然简要介绍了 while 循环的使用方式，但并不推荐使用 while 循环，主要原因为如下两点。

1）当主体函数部分变得复杂时，循环初始值的递增控制容易出错，从而导致死循环或出现 bug。

2）判别条件自定义空间有限。

不过，用户可以根据任务的具体要求来选择使用哪种循环，他们之间并无好坏之分，只是根据不同的场景应用和用户的熟练程度，会有一种循环比另外一种循环更加合适。

4.3 “*apply”函数家族

baseR 中的“*apply”函数家族可能是其最著名的一组函数。之所以在 apply 的前面加上星号，是因为 baseR 中包含了 8 个以 apply 结尾的函数，分别是：apply、eapply、lapply、mapply、rapply、sapply、tapply、vapply。它们都有着一个共同点——对 R 对象执行一个或多个功能函数，然后返回各自特定的数据格式。

在介绍这一组函数之前，我们先来简单了解一下关于数据维度的概念，这些虚拟的概念可以帮助用户理解与循环相关的函数的运行机制。如图 4-3 中所示的是大家都熟知的维度概念。可以将维度的概念应用的数据领域中一个单独的数据值假定为一维的点，比如读者可以在 R 中将整数 1 保存为向量 a，那么 a 就可以理解为一个最基本的一维数据点。注意，严格来讲，R 中的对象皆为二维，即便是最基本的 atom vector——原子向量，也是带有方向性的，但是为了便于理解，这里将向量的方向性去掉了。当用户将若干个有限的数据值保存为一个 R 对象时，即可得到一组有限的数据，可以将其视为一条二维的点线。假如用户创建了一个数据框或矩阵，抑或是从 Excel 表中导入了一张工作簿，那么在一般情况下，读者可视其为二维的点面。读者可以将三维的数组（array）理解为一个立方体，最具代表性的数组数据形式可能是气象数据：二维的地理信息数据加上时间维度构成数组的基本结构，在结构内部可以填充各类变量——气温或降雨量，等等。对于初学者来说，数据维度理解起来会比较吃力，所以本书不会过多讨论关于数组型数据的处理，感兴趣的读者可以搜索 netCDF 格式的气象数据来挑战自我。

用户可以参照 for 循环的运行逻辑，来帮助理解“*apply”函数家族的运行机制。在代码清单 4-2 和 4-3 中，for 循环用于对一个指定的向量中的不同值，按照相同的运算规则重复执行若干次。换句话说，被执行运算的向量即为图 4-3 中的点线，每一次循环都是对其中的一个点进行一次运算。其实大部分“*apply”家族中的函数都是可以用 for 循环来书写的，不过相比之下，“*apply”函数的代码更加简洁高效。简洁高效的原因是向量化，这也是 R 的特征之一。关于向量化和如何提高 R 效率的内容，读者可以参考《R 语言编程艺术》一书。

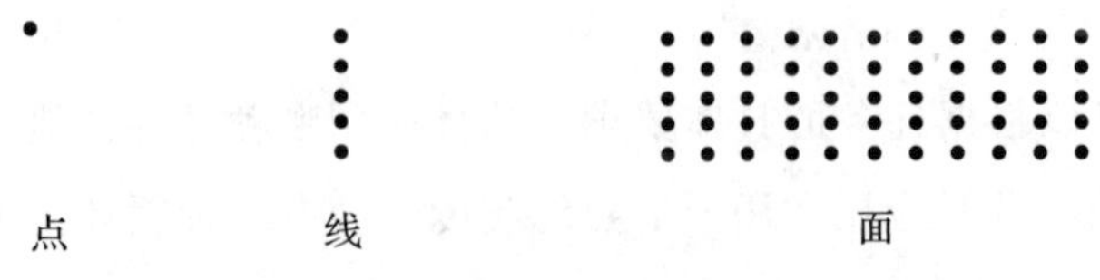

图 4-3　数据的维度

4.3.1 lapply——“线性”数据迭代

lapply 是 list（列表）和 apply（应用）的组合，该函数是对一个列表型或向量型数据应用一个函数，返回值不区分处理对象皆为列表结构。返回值的元素个数与处理对象中的元素个数相同。函数的语法结构为：

lapply（X, FUN…）

其中，lapply 函数的参数及说明具体如下。

1）X 代表需要执行运算的列表或向量。

2）FUN 代表需要运行的函数，这一参数的自定义范围非常广，夸张一些来讲，用户可以将几百行代码封装为一个 function（函数）来设置该参数。

3）3 个点代表配合函数 FUN 中的相应参数设置。

下面就来通过示例代码理解 lapply 的运行机制。首先随机创建 3 个向量 x、y 和 z，这里为了简化代码并且为了易于读者理解，仅采用最简单的整数型向量。实现代码如下：

```
> x <- 1:10
> y <- 10:20
> z <- 20:30
```

然后，函数 list 将 3 个整数型向量转换成一个列表，这个列表可以直接作为 lapply 函数的处理对象。调用均值函数 mean 来分别计算向量 x、y 和 z 的平均值，最后结果会以列表的形式显示在 console 里。这是 lapply 函数最简单的应用方式，不设置任何参数值，仅依靠功能函数的默认设置。实现代码具体如下：

```
> lapply(list(x,y,z), mean)
## [[1]]
## [1] 5.5
##
## [[2]]
## [1] 15
##
## [[3]]
## [1] 25
```

当数字型向量中含有默认值时，默认设置便会无法准确地计算结果。这是因为在 R 中，默认值是具有传染性的，任何数字与默认值在一起进行数学运算，R 都会将其认为是默认值。好在 R 中的数学函数一般都可以通过参数进行设置，在计算之前将默认值排除在外。下面的代码中，向量 x、y 和 z 中均加入了默认值。如果用户直接使用默认设置来处理的话，那么只会得到 3 个 NA。实现代码具体如下：

```
> x <- c(1:10,NA)
> y <- c(10:20,NA)
> z <- c(20:30,NA)
> lapply(list(x,y,z), mean)
## [[1]]
## [1] NA
##
## [[2]]
## [1] NA
##
## [[3]]
## [1] NA
```

此时，lapply 函数的第三个参数“…”可以派上用场了。3 个连续的点代表的是所调用函数的参数值，因此其设置需要与所用函数相吻合。实现代码具体如下：

```
> lapply(list(x,y,z), mean, na.rm = TRUE)

## [[1]]
## [1] 5.5
##
## [[2]]
## [1] 15
##
## [[3]]
## [1] 25
```

另外一种设置方法为，在 lapply 内部使用 function 函数来自定义一个函数（如代码清单 4-8 所示）。function 函数的最基本的书写方式，即 function(x){ expr }，可用于实现与上例一致的计算结果。此种方法的优势包括如下两点。

1）当用户使用诸如 Rstudio 之类的集成开发环境（integrated development environment，IDE）软件时，可以方便地使用 tab 键来辅助进行参数设置，而无须准确记忆各种复杂的参数名称。尤其是当用户需要调用复杂的函数时，tab 键辅助设置参数可以大大提高代码的书写效率。

2）通过 function 函数的帮助，理论上，用户可以无限地扩大和自定义所需调用的函数。函数 function 后面小括号内的 x 并不具体指代向量 x，在这里其只是一个泛指名称，用来连接大括号内的函数调用与外部环境值。用户可以指定任何字母来代替 x。

代码清单4-8 lapply基本使用方法二

```
> lapply(list(x,y,z), function(x){
  mean(x,na.rm = T)
})

## [[1]]
## [1] 5.5
##
## [[2]]
## [1] 15
##
## [[3]]
## [1] 25
```

参照 4.1.3 节中 for 循环批量读取“.csv”文件的代码清单 4-6，代码清单 4-9 演示了以 lapply 实现批量读取的方式。首先，文件夹中全部的以“.csv”结尾的文件名被保存在向量 filenames 中。然后使用 lapply 对其中的每一个文件路径使用 function 函数中所定义的功能。这里主要定义了两部分函数功能，第一部分为调用 read.csv 读取文件；第二部分为调用 select 函数选取每个文件内的第 1、3 和 5 列。最后对返回的列表进行整合及检视来确认设定的功能是否实现。

代码清单4-9 lapply实现批量文件读取

```
> filenames <- list.files("RawData/", pattern = "*.csv",full.names = T)

> datalist <- lapply(filenames, function(x){
df <- read.csv(x,stringsAsFactors = F)
    df <- df %>%
    select(1,3,5)
})
> df <- do.call(rbind, datalist)
> str(df)
## 'data.frame':    150 obs. of  3 variables:
## $ Sepal.L..Setosa    : num  5.1 4.9 4.7 4.6 5 5.4 4.6 5 4.4 4.9 ...
## $ Petal.L..Setosa    : num  1.4 1.4 1.3 1.5 1.4 1.7 1.4 1.5 1.4 1.5 .
## $ Sepal.L..Versicolor: num  7 6.4 6.9 5.5 6.5 5.7 6.3 4.9 6.6 5.2 ...
```

lapply 的应用场景之多，不胜枚举，第 6 章中笔者还会介绍一些基本的应用可能性。当读者遇到需要对一个向量内的各个数值，或者一组列表内的各个元素执行完全一致的运算时，推荐读者尽量依靠 lapply 来实现。

4.3.2 sapply——简约而不简单

sapply 是简化版的 lapply。函数的语法结构为：

sapply（X，FUN，…，simplify=TRUE，USE.NAMES = TRUES）

前三个参数与 lapply 完全一致，参数 simplify 为逻辑值，如果情况适合的话，是否将结果返回为向量、矩阵或者数组。通常情况下，该参数默认为真，即将列表型数据的计算结果返回为向量或矩阵。具体来讲，对于 4.3.1 节中第一个示例中的列表数据使用 sapply，返回结果为向量，若列表内部情况更加复杂，则多半会返回为矩阵。参数 USE.NAMES 同样也为逻辑值，当其值为真时，返回值会携带数据被运算之前的名称信息（如果有的话），否则就会忽略名称信息。

简单来说，使用 sapply 的默认设置时，其返回值为一个非列表向量。下面的示例代码演示了将 4.3.1 节内的 lapply 替换为 sapply，以帮助读者加深对 sapply 的理解。示例代码如下：

```
> x <- 1:10
> y <- 10:20
> z <- 20:30
> sapply(list(x,y,z), mean)
## [1]  5.5 15.0 25.0
> x <- c(1:10,NA)
> y <- c(10:20,NA)
> z <- c(20:30,NA)
> sapply(list(x,y,z), mean)
## [1] NA NA NA
> sapply(list(x,y,z), mean, na.rm = TRUE)
## [1]  5.5 15.0 25.0
> sapply(list(x,y,z), function(x){
  mean(x,na.rm = T)
})
## [1]  5.5 15.0 25.0
```

当 sapply 使用特定的参数设置时，其返回结果与 lapply 完全一致，如代码清单 4-10 所示。

代码清单4-10　sapply实现批量文件读取

```
> filenames <- list.files("RawData/", pattern = "*.csv",full.names = T)
> datalist <- sapply(filenames, function(x){
  read.csv(x,stringsAsFactors = F)
},simplify = FALSE,USE.NAMES = FALSE)
```

```
> df <- do.call(rbind, datalist)
> str(df)
## 'data.frame':    150 obs. of  12 variables:
## $ Sepal.L..Setosa    : num  5.1 4.9 4.7 4.6 5 5.4 4.6 5 4.4 4.9 ...
## $ Sepal.W..Setosa    : num  3.5 3 3.2 3.1 3.6 3.9 3.4 3.4 2.9 3.1 ...
## $ Petal.L..Setosa    : num  1.4 1.4 1.3 1.5 1.4 1.7 1.4 1.5 1.4 1.5
## $ Petal.W..Setosa    : num  0.2 0.2 0.2 0.2 0.2 0.4 0.3 0.2 0.2 0.1
## $ Sepal.L..Versicolor: num  7 6.4 6.9 5.5 6.5 5.7 6.3 4.9 6.6 5.2 ...
## $ Sepal.W..Versicolor: num  3.2 3.2 3.1 2.3 2.8 2.8 3.3 2.4 2.9 2.7
## $ Petal.L..Versicolor: num  4.7 4.5 4.9 4 4.6 4.5 4.7 3.3 4.6 3.9 ...
## $ Petal.W..Versicolor: num  1.4 1.5 1.5 1.3 1.5 1.3 1.6 1 1.3 1.4 ...
## $ Sepal.L..Virginica : num  6.3 5.8 7.1 6.3 6.5 7.6 4.9 7.3 6.7 7.2
## $ Sepal.W..Virginica : num  3.3 2.7 3 2.9 3 3 2.5 2.9 2.5 3.6 ...
## $ Petal.L..Virginica : num  6 5.1 5.9 5.6 5.8 6.6 4.5 6.3 5.8 6.1 ...
## $ Petal.W..Virginica : num  2.5 1.9 2.1 1.8 2.2 2.1 1.7 1.8 1.8 2.5
```

虽然帮助文档内将 sapply 描述为简化版的 lapply，但是在特定场景中，sapply 可以实现 lapply 无法实现的功能。比如，当用户需要对多个数据值或数据框进行索引标记时，sapply 中的 USE.NAMES 参数可以毫不费力地完成为数据来源做标注的任务。当用户对上一代码演示中的 datalist 列表运行 names 函数时，其值为 NULL，也就是说这一列表虽然包括了所有的原始数据文件，但并没有注明数据的具体来源，而用户也只能依靠 filenames 中的文件名顺序来确定列表 datalist 内每个数据框的排列顺序。

参数 USE.NAMES 可以通过为每一个原始数据文件增加名称信息，来帮助用户识别数据来源。并且用户可以按照实际需求，考虑是否将数据来源信息索引化后作为数据框的一列，增补到数据当中。示例代码具体如下：

```
> names(datalist)
## NULL
> datalist <- sapply(filenames, function(x){
  df <- read.csv(x,stringsAsFactors = F)
},simplify = FALSE,USE.NAMES = TRUE)
> names(datalist)
## [1] "RawData/iris (1).csv" "RawData/iris (2).csv" "RawData/iris (3).csv"
```

4.3.3 apply——多维数据处理利器

apply 可专门用来处理二维（matrix）或（array）三维数据。其代码结构为：

apply（X，MARGIN，FUN…）

这里的参数 X 与 lapply 和 sapply 中的 X 略有不同。在 apply 函数里，X 至少是一个二维的“面”数据（如图 4-3 所示），否则会报错提醒用户数据维度必须为正数。

如图 4-4 所示的是二维“面”类型数据示意图。apply 中的 MARGIN 参数代表用户需要将参数 FUN 中的函数执行到行（1）还是列（2），抑或是两者都有（1:2）。如果处理对象 X 中自带了名称，那么 MARGIN 还可以是列名或行名。具体来说，当用户设置 MARGIN = 1 时，apply 函数调用 FUN 参数中的函数对每一行数据执行运算；当 MARGIN = 2 时，则按照图 4-4 中所列的箭头方向依次对每一列进行运算。

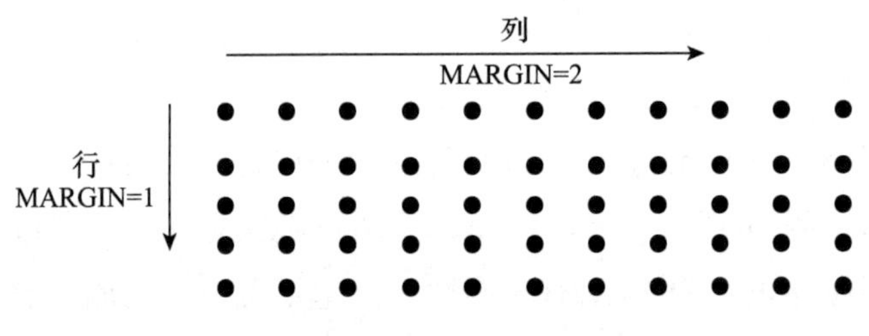

图 4-4　二维数据示意图

下面所列举的代码含义为，对数据框 df 按照行序进行均值计算。为了便于显示，代码中将计算后的结果转换成了 tibble 格式，并且仅显示 1 到 10 行。参考 4.3.2 节中关于数据框 df 的结构（详见代码清单 4-10），读者可以了解到该数据框中包含了 150 行数据和 12 列变量。此处执行的 apply 并没有任何实际意义，因为 apply 按照行序求得的均值是 12 个不同变量的均值。实现代码具体如下：

```
> apply(df, 1, mean) %>% as.tibble() %>% .[1:10,]
## # A tibble: 10 x 1
##    value
##    <dbl>
##  1  3.72
##  2  3.38
##  3  3.66
##  4  3.26
##  5  3.59
##  6  3.75
##  7  3.27
##  8  3.33
##  9  3.42
## 10  3.52
```

当 MARGIN 值设置为 2 时，apply 就会按照列序，对每一列的数值进行运算。下面的代码计算得到的 12 个均值结果，分别代表数据框 df 中的 12 个变量。示例代码具体如下：

```
> apply(df, 2, mean) %>% as.tibble()
## # A tibble: 12 x 1
##    value
##  * <dbl>
##  1 5.01
##  2 3.43
##  3 1.46
##  4 0.246
##  5 5.94
##  6 2.77
##  7 4.26
##  8 1.33
##  9 6.59
## 10 2.97
## 11 5.55
## 12 2.03
```

参数 MARGIN 的设置包含了很多种变化，可以应对不同维度的计算要求。关于三维数组的计算超出了本书所讨论的范围，所以这里不再过多阐述 MARGIN 参数的设置问题。感兴趣的读者可以参照帮助文档，试一试不同维度的组合，这样做有助于理解数组的结构和 apply 函数的运行机制。

需要提醒读者注意的一点是，apply 函数所针对的处理对象内部的数值类型必须一致。比如在上面的例子中，数据框 df 内部的全部数值皆为数值型（numeric），此时 apply 实际上是将数据框按照矩阵来进行运算。当数据框内包含有不同的数值类型时，apply 函数可能无法给出正确的结果。

4.3.4 vapply——迭代的安全模式

vapply 是安全版的 sapply，其在处理相同的 R 对象时具有略微的速度优势。函数语法如下：

vapply（X，FUB，VALUE，…，USE.NAMES = TRUE）

在 vapply 的参数中，simplify = TRUE 是默认设置且不可更改，也就是说，vapply 的返回值不会返回成列表格式。

参数 FUN.VALUE 是该函数的核心所在。因为 FUN.VALUE 参数的存在，vapply 会在调用参数 FUN 的具体函数时，检查参数 X 中的每一个数据值，以确保所有值的长度和类型均一致。下面就来通过示例代码简要讨论如此设置的目的。

首先使用 list 函数任意创建两个列表型数据，number1 和 number2，每个列表中各包含两个元素，并且同为整数型数值。唯一的不同点在于，number2 中的元素 1 内没有数字 5，以此来展示 sapply 和 vapply 的不同之处。示例代码如下：

```
> number1 <- list(as.integer(c(1:5)), as.integer(c(5,2,4,7,1)))
> number2 <- list(as.integer(c(1:4)), as.integer(c(5,2,4,7,1)))
```

使用 sapply 对列表 number1 执行自定义函数运算——查找其中等于 5 的数值。默认的返回值为向量，并且已知 number1 中应有两个数字 5 分别来自两个元素。不过，当对列表 number2 使用 sapply 执行相同的函数运算时，已知 number2 中的元素 1 中无数字 5，那么 sapply 在未发出任何提醒信息的情况下，返回值将自动变为列表，且列表中的第一个元素为空。

sapply 函数在处理列表 number2 时产生了两个会降低代码的通用性的潜在风险，分别如下。

1）改变返回值类型（由单一类型向量变为列表型）。

2）未检测到用户指定需要检索的数值时，却未发出提示信息。

在简单的 sapply 应用中，这种函数行为可能无伤大雅。但试想用户通过 lapply 或 sapply 完成了几十行或上百行的代码并使用一个已知数据集测试成功后，另一用户将代码应用到其他数据集时，得到的结果可能会因为返回值类型的改变，或者无报错信息而完全不符合预期。

示例代码具体如下：

```
> sapply(number1, function(x) x[x==5] )
## [1] 5 5
> sapply(number2, function(x) x[x==5] )
## [[1]]
## integer(0)
##
## [[2]]
## [1] 5
```

当用户对函数运算的中间产物或输出类型具有明确的要求时，vapply 可以通过报错信息来帮助减少意料之外的情况发生。下面的代码使用 vapply 对两个列表（number1 和 number2）执行相同的功能，且指定参数 FUN.VALUE 为整数型数值。列表 number1 的输出结果与 sapply 对其的执行结果一致，符合预期。但对列表 number2 使用 vapply 时会提示报错，报错信息会提示用户列表中的第一个元素为空，即无法检测到数字 5，所以无法完成结果输出。也正是得益于这一报错机制，用户可以通过 trycatch 等函数来提取报错信息，并在复杂的代码中输出警告——输入的数据可能并不满足运算标准，或者提示某一元素内无法找到某一数值。

这里希望读者注意的是，对报错信息应采取正确的态度。初学一门数据分析语言时，报错也就意味着存在函数使用不当等情况，会让人产生挫败感。但是所有的专家都是从无数次试错后锻炼出来的，所以试着理解和归纳报错信息是快速提高使用 R 语言进行数据分析能力的捷径。

示例代码具体如下：

```
> vapply(number1, function(x) x[x==5], as.integer(0))
## [1] 5 5
> vapply(number2, function(x) x[x==5], as.integer(0) )
## Error in vapply(number2, function(x) x[x == 5], as.integer(0)): values
    must be length 1,
## but FUN(X[[1]]) result is length 0
```

小知识

参数 FUN.VALUE 为必须设置项。也是因为这个必要项，用户可以提前设置输出结果的类型以做到对输出结果的绝对控制。

另外一个值得用户警惕的点是，sapply 函数对空值的处理。下面的代码中使用了函数 identity（返回 R 对象本身），来帮助解释 sapply 和 vapply 的运行机制。第一行和三行的代码中，sapply 和 vapply 在对实际非空向量执行特定函数时，输出结果一致（数值类型和数值本身）。但是，当二者处理空值时，sapply 将本应为整数的空值，改变为列表。这种机制在用户使用需要设置初始值的各种循环时（4.1 节和 4.2 节），可能会导致意想不到的错误。第四行代码中，因为使用参数 FUN.VALUE 事先规定了函数输出结果的类型，因此空向量的类型并未被擅自改变。示例代码具体如下：

```
> sapply(1:5, identity)
## [1] 1 2 3 4 5
```

```
> sapply(integer(), identity)
## list()
> vapply(1:5, identity, as.integer(1))
## [1] 1 2 3 4 5
> vapply(integer(), identity, as.integer(5))
## integer(0)
```

小技巧

参数 FUN.VALUE 的设置多种多样，用户可以通过 as.integer/charater 等这类函数来进行设置，也可以使用双引号来代表字符串类型数值。而 as.integer 函数内部的数字并不会对计算结果产生影响，所以其可以为任意数字。

4.3.5　rapply——多层列表数据处理

rapply 中的 r 代表的是 recursive（递归循环的），可以将其理解为是 lapply 的又一变形。函数句型中的参数略多，一般并不常用，但是当用户需要处理多层列表型数据时，适时地使用 rapply 很可能会帮助用户节省很多时间。句式如下：

repply（object，f，classes = ANY，deflt = NULL，
how）= c（"unlist"，"replace"，"list"），...）

rapply 的参数及说明具体如下。

1）object 仍为所需处理的 R 对象，此处为多层列表。

2）f 为所需调用的函数。

3）参数 classes 可以设置为任何类型，例如整数型（integer）或字符型（character），设置时需将类型以双引号引用；这一参数所设置的类型就是函数计算的对象。

4）deflt 设置后，会将不符合参数 classes 所设置的数据类型替换成设置内容。更多信息请参见代码演示。

5）how 的设置包含三种：unlist、replace 和 list。这一参数的默认值为 unlist，也就是说计算后的结果将不再是列表格式。若设置成 replace，则返回值仍将保留列表格式，计算结果会将原有数值替换，而其他不符合 classes 参数指定的数值类型都将被 deflt 参数替换。

rapply 是对多层列表中的指定数据类型进行运算。下面的简略代码演示有助于读者理解 rapply 的运行机制，或许可以启发读者找到具体的应用场景。

首先，创建一个多层列表 X。该列表内包括两个元素，具体说明如下。

1）元素一为又一列表（为方便理解，该列表元素被命名为“1”），该列表内又设置了两个元素，具体如下。

a）名称为 a 的圆周率数字型数值。

b）只有一个元素的列表 b，该列表内只有一个元素 c，其为整数型数值 1、2 和默认值。

2）元素二是名称为“2”的字符串向量。

示例代码具体如下：

```
> X <- list("1" =list(a = pi, b = list(c = c(1:2,NA))), "2" = "a test")
```

列表创建完成后，将显示在 console 内以检视其结构。第一层列表内的两个元素之间会以三个连续的空白行来区分。而列表元素“1”内的各个元素会以单个空白行加以区分。嵌套的列表结构则会以符号“$”来逐层定义。比如说次级列表 a 和次级列表 b 同属于列表 X 中的元素“1”，因此二者都有“$'1'”。读者可以自行创建若干个不同的多层列表，来帮助理解列表型数据结构的格式。对列表型数据结构理解得越深刻，越有助于读者将来进行数据的批处理操作。

实现代码具体如下：

```
   > X
   ## $'1'
## $'1'$a
## [1] 3.141593
##
## $'1'$b
## $'1'$b$c
## [1]  1  2 NA
##
##
##
## $'2'
## [1] "a test"
```

下面的代码使用 rapply 对列表 X 执行自定义函数 x + 1。这里的 classes 参数设置为数字型数据，因此只对有小数点的数字有效，元素“$'1'$b$c”中的整数型数值则被排除在需要运算的数据之外。参数 how 设置为打开列表（unlist），所以结果只返回为一个带有名称信息的向量。感兴趣的读者可以自行练习省略参数 how 而不进行设置，使用其默认设置，或者将其设置成“replace”。实现代码具体如下：

```
> rapply(X, function(x) x + 1,classes = "numeric", how = "unlist")
```

```
##      1.a
## 4.141593
```

下面的代码中，参数 classes 被设置为整数型，也就是说只对 X 中的整数型数据进行平均值处理，并且是在去掉默认值后进行均值计算，否则默认值 NA 会使结果同为 NA。直接调用 rapply 后，结果显示元素 `$'1'$b$c` 中的数值已被替换为 `1.5`，其他元素内的值未变。

实现代码具体如下：

```
> rapply(X, mean, classes = "integer", how = "replace", na.rm =TRUE)
## $'1'
## $'1'$a
## [1] 3.141593
##
## $'1'$b
## $'1'$b$c
## [1] 1.5
##
##
##
## $'2'
## [1] "a test"
```

假如将参数 how 设置为解除列表，则结果如下：

```
> rapply(X, mean, classes = "integer", how = "unlist", na.rm =TRUE)
## 1.b.c
##   1.5
```

同样的，用户也可以对其他类型的数值进行指定函数的运算，并对其他不符合指定类型的数据进行替换。如下列举的示例代码，对 X 中的字符串执行函数 gsub，去除空格（\\s），并且将不符合字符串类型的数值都替换为整数型的默认值。

示例代码具体如下：

```
> rapply(X, gsub, classes = "character", deflt = as.integer(NA), how =
    "list", pattern = "\\s", replacement = "")
## $'1'
## $'1'$a
## [1] NA
##
## $'1'$b
```

```
## $'1'$b$c
## [1] NA
##
##
##
## $'2'
## [1] "atest"
```

同样对列表中字符串类型数据进行处理，对其他类型的数值进行替换之后，解除列表会连带其他元素一起返回为一个向量。而如果不进行参数 deflt 的设置，则仅返回被处理的数值。实现代码具体如下：

```
> rapply(X, nchar, classes = "character", deflt = as.integer(NA), how =
  "unlist")
##   1.a 1.b.c     2
##    NA    NA     6
> rapply(X, nchar, classes = "character", how = "unlist")
## 2
## 6
```

4.3.6 mapply——对多个列表进行函数运算

函数 mapply 可以对多个列表进行函数运算。这里的 m 是多变量的（multivariate）缩写，用户可以将该函数理解为是 sapply 的升级版。mapply 函数的语法为：

mapply（FUN，…，MoreArgs = NULL，SIMPLIFY = TRUE，USE.NAMES = TRUE）

与家族中的其他函数不同的是，mapply 中的参数“…”主要是用来设置需要执行的多个列表对象，同时也接受参数命名的设置，并且可以与 MoreArgs 参数互换设置内容，详细解析请参考代码演示部分。对 FUN 参数中所指定的功能函数的补充可以通过 MoreArgs 参数来进行设置。这种同一类函数参数上的变化有时会不便于用户记忆，所以 Hadley 等专家开发出了 purrr 包来规范化具有迭代功能的函数，关于 purrr 包的详细内容请参考第 5 章。

函数 mapply 的其余参数 SIMPLIFY 与 USE.NAMES 与 sapply 中的同名参数功能一致。若前者为真则返回值为向量，若后者为真则保留名称信息。

对于函数的参数设置及对应含义，本节采用了帮助文档中的示例代码，通过复现代码运行来帮助读者理解其含义。下面的一行代码中，因未指定参数名称，所以三个参数依次按照位置顺序采取了默认的运算方式。具体说明如下。

1）FUN=rep。

2）“…” = 1:4，因为 mapply 接受向量和列表，所以在该示例中，函数所需处理的对象为一组整数型向量，具体数值为 1 到 4。

3）MoreArgs = 4:1，这一设置为对所调用 rep 函数的参数补充，rep 函数的第二位默认参数为 times，即复制次数，因此按照向量和参数的对应关系，数值 1 被复制了 4 次，数值 2 被复制了 3 次，依此类推。

实现代码具体如下：

```
> mapply(rep, 1:4, 4:1)
## [[1]]
## [1] 1 1 1 1
##
## [[2]]
## [1] 2 2 2
##
## [[3]]
## [1] 3 3
##
## [[4]]
## [1] 4
```

在第二个例子中，其实只对 FUN 和“…”参数进行了设置。因为 x 和 times 都是 rep 函数内的参数名称，所以 mapply 将其分别认定为对处理对象的复制次数（times）和复制对象（x）。指定了参数名称之后，参数的位置便不再重要，这也是笔者建议初级用户应尽量使用参数名称来设置函数的原因。示例代码具体如下：

```
> mapply(rep, times = 1:4, x = 4:1)
## [[1]]
## [1] 4
##
## [[2]]
## [1] 3 3
##
## [[3]]
## [1] 2 2 2
##
## [[4]]
## [1] 1 1 1 1
```

在第三个例子中，mapply 的前三位参数都已经设置好了，但此时对函数 rep 的参数补充只有一个单元素列表，而参数 times 中包含 4 个向量值，因此 mapply 函数会按照最长的参数长度，即 4，来执行 4 次循环，所以数值 42 被分别复制了 1 到 4 次。示例代码具体如下：

```
> mapply(rep, times = 1:4, MoreArgs = list(x = 42))
## [[1]]
## [1] 42
##
## [[2]]
## [1] 42 42
##
## [[3]]
## [1] 42 42 42
##
## [[4]]
## [1] 42 42 42 42
```

第四个例子中设置了一个自定义函数。该自定义函数的解释为，首先对 x 执行 seq_len 函数，之后，对其结果分别加上 y。mapply 的执行过程具体如下。

1）对第一组向量中名称为 a 的原子向量执行 seq_len，结果仍为 1。

2）提取第二组向量中名称为 A 的原子向量，即 10，将其与第一步的结果运行加法运算，得到 11。

3）对第一组向量中名称为 b 的原子向量执行 seq_len，结果仍为一组含有两个数值的向量，值为 1 和 2。

4）重复第 2）步，得到数值 1 和 2。

5）重复第 1）步和第 2）步。

因为三次计算的运行结果长度不一，所以即使 SIMPLIFY 默认结果为真，mapply 函数也只能将结果返回为列表格式。示例代码具体如下：

```
> mapply(function(x, y) seq_len(x) + y,
  c(a =  1, b = 2, c = 3),  # names from first
  c(A = 10, B = 0, C = -10))
## $a
## [1] 11
##
## $b
```

```
## [1] 1 2
##
## $c
## [1] -9 -8 -7
```

最后的这个例子中事先定义了一个名为word的自定义函数。其含义为，将向量C复制*k*次，并将结果粘贴在一起。在使用mapply调用word自定义函数时，因为指定了参数名称，所以第二位参数即为word中的参数C，第三位参数即为k，加之SIMPLIFY参数为假，所以返回值为列表格式，并带有向量的名称信息。示例代码具体如下：

```
> word <- function(C, k) paste(rep.int(C, k), collapse = "")
> utils::str(mapply(word, LETTERS[1:6], 6:1, SIMPLIFY = FALSE))
## List of 6
## $ A: chr "AAAAAA"
## $ B: chr "BBBBB"
## $ C: chr "CCCC"
## $ D: chr "DDD"
## $ E: chr "EE"
## $ F: chr
```

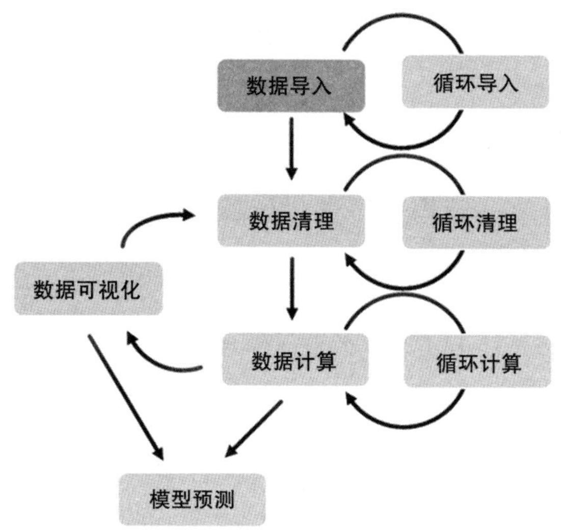

第 5 章 优雅的循环——purrr 包

无论是 for 循环还是 apply 家族中的各个迭代函数，对于初学者来说，理解起来都略有挑战。究其原因可能有二：一是使用方式的多变性，不同熟练程度的用户对同一问题有多种多样的解决方案，初学者很容易迷失在大量不同的函数使用方式中，久久不得要领；其二是参数格式的不一致性，导致参数记忆困难。purrr 包的出现，在很大程度上减少了初学者对于循环的上手难度。因其参数设置的一致性和很强的逻辑性，可以帮助初学者在短时间内通过若干经典的示例抓住循环函数的根本。本章着重讨论 purrr 包（版本号为 0.2.4）中的主要函数，学习完本章的内容，读者可以做到如下 3 点。

1）理解循环的基本逻辑。

2）能够使用不同的循环函数（比如，for、lapply 或 map）完成对同一任务的处理。

3）了解 purrr 包中其他实用性很强的工具函数。

5.1 map 函数家族

5.1.1 map——对单一元素进行迭代运算

map 函数是整个 purrr 包的核心，其功能简单却又异常强大，即调用指定函数对目标数据中的每一个元素进行相同的运算，然后返回值为与目标数据长度相同的列表。函数格式如下所示：

map（.x，.f，…）

该函数只有两个必须指定的参数，具体如下：

1）“.x”列表或是原子向量（atomic vector）。

2）“.f”任意函数（可以是自定义或既有函数），公式或原子向量。

3）“…”这个参数为非必需设置项，用户可以依照调用函数的不同情况来酌情设置该参数，后文会对此项进行解释说明。

其他的辅助参数还包括 tidyverse 系列包各个函数中比较常见的“...”“. p”“. at”“. id”。表 5-1 中列出了具该函数家族中参数相同的子函数，表 5-2 中单独列出了具有特殊辅助参数设置的家族成员。

表 5-1 map 函数家族中参数相同的子函数名称及中文释义

函 数	解 释
map	返回值为列表，内部接受一个函数或自定义公式
map_lgl	返回值为逻辑向量
map_chr	返回值为字符串
map_int	返回值为整数型
map_dbl	返回值为浮点型
map_dfc	返回值为数据框，会按照列对数据进行合并
walk	对函数进行渲染，以方便对运行结果或代码进行展示和保存

表 5-2 map 函数家族中带有特殊辅助参数的子函数名称及中文释义

函 数	解 释
map_if	对指定类别进行函数运算
map_at	对指定的成分进行函数运算，可以按照向量名字或位置数字来指定希望进行运算的成分

（续）

函　数	解　释
map_dfr	返回值为数据框，会按照行来整合数据，该函数有一个可选的辅助参数“.id”，该参数默认为“NULL”即不使用。非 NULL 时，则在新数据群中创建一个新变量，标注被整合数据框的来源。

使用 map 函数之前，读者需要对列表格式的数据有一定程度的认识，网络上有很多关于列表格式的教程和解释，这里不再赘述，直接进行代码演示。在第 4 章中，循环读取多个文件所用的 list.files 函数相信读者都已有所熟悉。下文中的代码部分可以解释为如下内容。

1）调用函数 list.files 来搜索名为“RawData/”的文件夹中文件拓展名为“.csv”的所有文件，并设定参数全名为真。

2）之后将函数读取的文件名及其路径通过“%>%”（管道函数）传递给 map 函数。map 函数内部的参数设置具体如下。

a)“.x”省略。

b)“.f”为函数 read.csv。

c）“…”（3 个点）为对 read.csv 函数中的参数进行补充设置，这里设置为 stringsAsFactors = F（字符串变量去因子化）。

3）使用 str 函数来查看读取完成后的列表格式文件，调用函数时设置仅显示列表的第一层以节省显示空间。

查看保存数据的列表，可以清楚地看到列表中一共包含 3 个子项，这也代表了一共有 3 个“.csv”文件被读取和保存到了该列表中，每个子项为一个独立的数据框，每个数据框一共包含 150 行观测和 5 列变量。示例代码具体如下：

```
> map_list <- list.files("RawData/",pattern = "*.csv",full.names = T) %>%
map( read.csv, stringsAsFactors = F)

> str(map_list, max.level = 1)

## List of 3
## $ :'data.frame':   150 obs. of  5 variables:
## $ :'data.frame':   150 obs. of  5 variables:
## $ :'data.frame':   150 obs. of  5 variables:
```

上述代码对 map 函数参数设置的方法虽然完全正确，但有一个缺点可能会影响到用户的使用体验。当用户在 map 函数内部使用简单且熟悉的函数功能时，手动指定参数并不会造成太多麻烦，但是当用户调用不熟悉的函数且想要使用 tab 键自动补齐各个参数时，那么下面的参数设置方式会更加高效简洁。管道函数之前的内容未变，只是将波浪线“～”加到了 read.csv 之前，并将管道函数之前的函数运算结果用“.”再传参给了 read.csv，这样设置之后，read.csv 函数所要设置的所有参数都可以在内部的小括号内使用 tab 键来帮助补齐。建议读者随机创建几个简单的 .csv 文件，然后亲自练习两种不同的参数设置方式，以了解不同方式之间的优缺点。示例代码具体如下：

```
> map_list <- list.files("RawData/",pattern = "*.csv",full.names = T) %>%
map(~ read.csv(., stringsAsFactors = F))
```

当用户熟悉了 purrr 包的各个函数，并对自己的数据了然于胸时，将数据文件全部读取到列表中直接进行处理和分析能够极大地提高效率。不过对于习惯了 Excel 文件格式的读者来说，数据框类型的数据看起来可能会更舒服，而这也是 map_dfr 和 map_dfc 函数的实用之处。仍以读取 iris 的三个“.csv”文件为例，下面的代码演示了 map_dfr 函数的使用技巧，具体说明如下。

1）调用函数 list.files 来搜索名为“RawData/”的文件夹中所有文件拓展名为“.csv”的文件，并设定参数全名为真。

2）之后再将函数读取的文件名及其路径通过管道函数传递给 map_df 函数。

3）map_df 对结果中的每一个元素运行 read.csv 函数，并将运行结果以首位相连的方式连接成数据框的形式，再新增一列“id”用于对不同的原始文件的数据进行区分。参数“.id”有两个作用：一是告知函数要对数据来源进行编号，二是通过指定字符串向量来设置该编号列的名称。

示例代码具体如下：

```
list.files("RawData/",pattern = "*.csv",full.names = T) %>%
map_df(~ read.csv(., stringsAsFactors = F),.id = "id") %>%
glimpse()
## Observations: 450
## Variables: 6
## $ id           <chr> "1", "1", "1", "1", "1", "1", "1", "1", "1",...
## $ Sepal.Length <dbl> 5.1, 4.9, 4.7, 4.6, 5.0, 5.4, 4.6, 5.0, 4.9,...
## $ Sepal.Width  <dbl> 3.5, 3.0, 3.2, 3.1, 3.6, 3.9, 3.4, 3.4, 3.1,...
## $ Petal.Length <dbl> 1.4, 1.4, 1.3, 1.5, 1.4, 1.7, 1.4, 1.5, 1.5,...
## $ Petal.Width  <dbl> 0.2, 0.2, 0.2, 0.2, 0.2, 0.4, 0.3, 0.2, 0.1,...
## $ Species      <chr> "setosa", "setosa", "setosa", "setosa",...
```

小知识

'glimpse' 函数的功能与 'str' 类似，只是前者会根据用户的界面大小自动调整显示内容，从而增强用户使用体验。

下面的代码演示了 map_dfc 函数的使用技巧，用法和思路与其他 map 家族中的函数并无太大差异，唯一的不同之处在于该函数会将 read.csv 读取后的数据框合并列的方式组成一个新的数据框，且参数“.id”并未新增任何列，而是在每一列的列名中加入阿拉伯数字加以区分。演示代码具体如下：

```
list.files("RawData/",pattern = "*.csv",full.names = T) %>%
map_dfc(~ read.csv(., stringsAsFactors = F),.id = "id") %>%
glimpse()
## Observations: 150
## Variables: 15
## $ Sepal.Length  <dbl> 5.1, 4.9, 4.7, 4.6, 5.0, 5.4, 4.6, 5.0, 4.9...
## $ Sepal.Width   <dbl> 3.5, 3.0, 3.2, 3.1, 3.6, 3.9, 3.4, 3.4, 3.1...
## $ Petal.Length  <dbl> 1.4, 1.4, 1.3, 1.5, 1.4, 1.7, 1.4, 1.5, 1.5...
## $ Petal.Width   <dbl> 0.2, 0.2, 0.2, 0.2, 0.2, 0.4, 0.3, 0.2, 0.1...
## $ Species       <chr> "setosa", "setosa", "setosa", "setosa"...
## $ Sepal.Length1 <dbl> 5.1, 4.9, 4.7, 4.6, 5.0, 5.4, 4.6, 5.0, 4.9...
## $ Sepal.Width1  <dbl> 3.5, 3.0, 3.2, 3.1, 3.6, 3.9, 3.4, 3.4, 3.1...
## $ Petal.Length1 <dbl> 1.4, 1.4, 1.3, 1.5, 1.4, 1.7, 1.4, 1.5, 1.5...
## $ Petal.Width1  <dbl> 0.2, 0.2, 0.2, 0.2, 0.2, 0.4, 0.3, 0.2, 0.1...
## $ Species1      <chr> "setosa", "setosa", "setosa", "setosa"...
## $ Sepal.Length2 <dbl> 5.1, 4.9, 4.7, 4.6, 5.0, 5.4, 4.6, 5.0, 4.9...
## $ Sepal.Width2  <dbl> 3.5, 3.0, 3.2, 3.1, 3.6, 3.9, 3.4, 3.4, 3.1...
## $ Petal.Length2 <dbl> 1.4, 1.4, 1.3, 1.5, 1.4, 1.7, 1.4, 1.5, 1.5...
## $ Petal.Width2  <dbl> 0.2, 0.2, 0.2, 0.2, 0.2, 0.4, 0.3, 0.2, 0.1...
## $ Species2      <chr> "setosa", "setosa", "setosa", "setosa"...
```

当用户需要将列表形式的数据通过 map_df 和 map_dfc 函数转换成数据框时，函数内部“.f”参数的设置需要引起注意。下面的示例代码中分别创建了三个数字型向量 a、b 和 c，并将三个向量组成为一个列表 x。列表 x 的结构说明具体如下。

1）三个元素（element）分别用双中括号（[[]]）括起来——这也说明列表中的元素可以使用双中括号来进行引用，例如，x[[1]] 即代表可选取列表中的第一个元素。

2）每个元素中单独列出了随机创建的数值型向量。

实现代码具体如下：

```
> a <- 1:5
> b <- 2:4
> c <- 1:9
```

```
> x <- list(a, b, c)
> x
## [[1]]
## [1] 1 2 3 4 5
##
## [[2]]
## [1] 2 3 4
##
## [[3]]
## [1] 1 2 3 4 5 6 7 8 9
```

当内部参数设定为 baseR 中很常用的 data.frame 函数时，返回的数据框列名会被篡改，3 个元素中的数值被强制合并成了一列。示例代码具体如下：

```
> map_df(x,data.frame) %>%
head()
##   .x..i..
## 1       1
## 2       2
## 3       3
## 4       4
## 5       5
## 6       2
```

当内部参数设定为 baseR 中很常用的 data.frame 函数时，返回的数据框列名为数值的引用，3 个元素中的数值被分别放置以方便区分。这也是第 2 章中介绍的关于 tibble 包的优势。示例代码具体如下：

```
> map_df(x,tibble) %>%
head()
## # A tibble: 6 x 3
##   '1:5' '2:4' '1:9'
##   <int> <int> <int>
## 1     1    NA    NA
## 2     2    NA    NA
## 3     3    NA    NA
## 4     4    NA    NA
## 5     5    NA    NA
## 6    NA     2    NA
```

另外一个不得不提的函数是同在 map 家族中的 walk 函数。walk 函数是作为 map 函数的辅助函数存在的，它的运行结果会返回为输入的值，而不是列表，而 walk 函数作为一组函数存在的意义在于对循环的结果以简略的形式进行显示或保存。请参看下面的例子来帮助理解。

如果使用 map 函数来显示（print）列表 x 的结果，那么列表中的每个元素都会被 print 函数单独显示后，再返回成与输入值 x 长度相等的列表。示例代码具体如下：

```
> map(x,print)
## [1] 1 2 3 4 5
## [1] 2 3 4
## [1] 1 2 3 4 5 6 7 8 9
## [[1]]
## [1] 1 2 3 4 5
##
## [[2]]
## [1] 2 3 4
##
## [[3]]
## [1] 1 2 3 4 5 6 7 8 9
```

使用 walk 函数，则返回值不再是与输入值长度相等的列表，而只是简单地对输入值中的每个元素执行 print 函数。示例代码具体如下：

```
> walk(x,print)
## [1] 1 2 3 4 5
## [1] 2 3 4
## [1] 1 2 3 4 5 6 7 8 9
```

walk 函数在读者学习使用 purrr 包的阶段并无太大的实用价值，因为其功能相当于 map 或 lapply 函数的一半，即仅对输入对象进行运算但不返回值，所以在读者没有特别指定调用 print 函数的情况下，walk 函数的运算结果在 console 中是不可见的。但当读者熟悉了自定义函数的创建之后，在适当的场景结合使用 walk 函数可以让封装后的自定义函数更加优雅。

5.1.2 map2 和 pmap——对两个及以上元素进行迭代运算

map2 和 pmap 函数属于 map 函数的变形。因为 map 函数每次运行只能将指定的函数运行在一个数据参数上，所以 map2 可用来处理需要同时在两个不同的数据参数上运行同一个函数的情况，而 pmap 则是用来满足若干个数据参数平行计算的需求。表 5-3 中列举了详细的子函数名称、中文释义及简略的使用注意事项。

map2 和 pmap 函数格式如下：

map2（**.x, .y, .f, ...**）

pmap（**.l,. , f, ...**）

该组函数的参数略有不同，具体说明如下。

1）在 map2 中，“.x” 和 “.y” 分别代表两个需要进行函数运算的对象元素。

2）pmap 中的 “.l” 则表示需要一个列表形式的元素集，该元素集中包括了所有需要进行函数运算的对象元素。

表 5-3 map2 和 pmap 子函数列表及中文释义

函　数	解　释
map2	返回值为列表，内部接受一个函数或自定义公式
map2_lgl	返回值为逻辑向量
map2_chr	返回值为字符串
map2_int	返回值为整数型
map2_dbl	返回值为浮点型
map2_dfc	返回值为数据框，会按照列对数据进行合并
map2_dfr	返回值为数据框，会按照行来整合数据
walk2	不返回列表，仅显示每个元素经过运算后的结果
pmap	对堆叠列表进行函数运算，返回值仍为列表。“.l” 的长度决定了 “.f” 中的函数或公式被调用的次数，“.f” 接受一个函数或自定义公式
pmap_lgl	返回值为逻辑向量
pmap_int	返回值为整数型
pmap_dbl	返回值为浮点型
pmap_chr	返回值为字符串
pmap_dfr	返回值为数据框，会按照行来整合数据
pmap_dfc	返回值为数据框，会按照列对数据进行合并
pwalk	walk 的升级版，并不十分常用

map2 和 pmap 在某些特殊的情况下，可能会很实用。下面介绍一个小例子来帮助读者理解这一组函数。首先创建三个字符串向量 x、y 和 z，三个向量分别为姓名、性别和联系电话。某些时候用户可能需要将这三类信息整合到一起，使用 map2 调用 paste 函数将不同的向量 x 和 y 按照位置整合到一起。需要特别注意的是，该函数的返回值为列表

形式，这种数据形式因其易存储和易延展性，在各种统计语言中都有大量的应用，可以称之为“万金油”般的数据形式，但其不是最佳的数据显示形式，所以用户需要根据自己的需要进行一些调整。map2_chr 函数可以将函数结果返回为字符串向量，示例代码如下所示：

```
> x <- c("张三","李梅","王二麻子")
> y <- c("男","女","男")
> z <- c("135xxx", "110xxx", "186xxx")
> map2(x, y, paste)
## [[1]]
## [1] "张三 男"
##
## [[2]]
## [1] "李梅 女"
##
## [[3]]
## [1] "王二麻子 男"
> map2_chr(x, y, paste)
## [1] "张三 男"     "李梅 女"     "王二麻子 男"
```

若想将 z 也合并进来，则需要再运行一次 map2，因为该函数一次只接受两个向量。此时可以考虑使用 pmap 家族中的函数，使用方法也很简单，只需要将所有想要整合的内容全部放进一个列表（list）中即可。示例代码具体如下：

```
> pmap_chr(list(x,y,z),paste)
## [1] "张三男 135xxx"     "李梅女 110xxx"     "王二麻子男 186xxx"
```

这个简单的例子仅仅是为了帮助读者理解 map2 和 pmap 函数的基本使用方法和简单原理，用户在处理具体数据时需要根据实际情况来决定合适的函数以避免出现不必要的错误。比如，上面示例中的三个字符串向量，若其中任意一个向量中出现了存在默认值的情况，则对应关系的处理一定要慎重，因为一不留神就可能造成数据间的对应关系错位。不过好在 map2 和 pmap 都有一定程度的防错功能，即只接受长度相等或其中之一长度为 1 的向量。若出现了长度不等的向量，则会报错，具体运用还需要读者在实际操作时慢慢理解和掌握。

pmap 函数的帮助文档中列出了一种很有特色的使用方式，下面的代码会对其进行重现，以帮助读者更好地理解该函数。对示例代码的解读具体如下。

1）创建数据框，3 个变量的名称分别为 x、pattern 和 replacement，这 3 个名称依次对应于函数 gsub 中的参数名（读者可以参看帮助文档来加深理解）。

2）显示数据框 df 的结构和具体值。

3）在 pmap_chr（为节省篇幅使用该子函数，读者可自行测试母函数 pmap）中调用 gsub 来对数据框 df 中的变量 x 进行字符串替换。

这种用法的关键点在于数据框中的变量名称必须与需要调用函数中的参数名称一致，否则就会无法使用。具体原理为，当 pmap 函数调用 gsub 时，函数 gsub 会使用其默认参数设置，依次将与参数名相同的变量从数据框中抽取出来，而抽取出来变量则为向量形式。示例代码具体如下：

```
> df <- tibble(
x = c("apple", "banana", "cherry"),
pattern = c("p", "n", "h"),
replacement = c("x", "f", "q")
)
> df
## # A tibble: 3 x 3
##   x      pattern replacement
##   <chr>  <chr>   <chr>
## 1 apple  p       x
## 2 banana n       f
## 3 cherry h       q
> pmap_chr(df, gsub)
## [1] "axxle"  "bafafa" "cqerry"
```

5.1.3　imap——变量名称或位置迭代

imap 家族可以称做是 map2 函数家族的一个变形。imap 函数的具体功能为对向量中每一个元素及其位置索引进行函数运算，具体可以分为如下两种情况。

1）若向量中的元素有名称，则 imap_xxx(x, .f, ...) 相当于 map2(x, names(x), .f, ...)，即对元素本身和其名称进行运算。

2）若向量中的元素无名称，则 imap_xxx(x, .f, ...) 相当于 map2(x, seq_along(x), .f, ...)，即对元素本身和其位置进行运算。

下面的公式简要概括了该组函数的使用方式。因为 purrr 包中与 map 函数相关的所有函数都有着相同的参数设置，所以这里不再列出 imap 家族中的其他子函数，读者可以结合帮助文档以及表 5-1、表 5-2 和表 5-3 中的释义来理解各个子函数。

imap (.x, .f, ...)

imap 函数家族在对数据进行初步简要的概括总结分析时，通常会有很大的帮助。下面的代码将通过对帮助文档中的示例代码进行重现、拆解分析来帮助读者理解这一组函数的原理。

在 5.1.1 节中，我们讨论了 walk 函数的妙处，即仅显示向量中每个元素被运算后的结果，而不返回列表，与之相对应的 walk2 和 iwalk 也具有相同的特性，所以这里用了 iwalk 来进行演示。对下面的示例代码由内而外的拆分解释具体如下。

1）计算 mtcars 数据集中的变量（.x）中位数 median。

2）使用 cat 将变量的名字（.y）和中位数用“：”连接起来，并在结尾加上换行符“\n”，分隔符为空白。

3）使用 iwalk 让 cat 函数可以按照列名顺序迭代所有的 mtcar 数据集中的变量。

示例代码具体如下：

```
> iwalk(mtcars, ~ cat(.y, ": ", median(.x), "\n", sep = ""))
## mpg: 19.2
## cyl: 6
## disp: 196.3
## hp: 123
## drat: 3.695
## wt: 3.325
## qsec: 17.71
## vs: 0
## am: 0
## gear: 4
## carb: 2
```

小知识

cat 函数的功能与 print 或 paste 类似，不过后两者要么不能将返回结果粘贴在一起，要么无法抓取计算结果，而 cat 函数刚好结合了这两个特性，可以“结合 + 显示”计算结果。

下面的代码使用 walk2 函数来解释 iwalk 以及其中“.x”和“.y”的具体含义。5.1.2 节中介绍了 walk2 函数是对两个元素中的值进行指定函数功能迭代。iwalk（或者 imap 这一组函数）的第一个元素“.x”，与 walk2（或者 map2 这一组函数）中的第一个参数并无区别，都可以理解为 mtcars 数据集中的一列数值。不同之处在于 imap/iwalk 相当于对参数“.y”先执行了 names 函数，而后再将名称或变量位置传递给指定的函数。示例代码具体如下：

```
> walk2(mtcars, names(mtcars),~ cat(.y, ": ", median(.x), "\n", sep =
    ""))
## mpg: 19.2
## cyl: 6
## disp: 196.3
## hp: 123
## drat: 3.695
## wt: 3.325
## qsec: 17.71
## vs: 0
## am: 0
## gear: 4
## carb: 2
```

如果需要同时计算多个变量，那么 imap_dfc 可以作为一个备选函数配合 dplyr 包中的 summarise_ 函数家族使用。读者可以自行理解下面列举的两个小示例，并实践代码以加深理解。示例代码具体如下：

```
> imap_dfc(mtcars, ~median(.x))
## # A tibble: 1 x 11
##     mpg   cyl  disp    hp  drat    wt  qsec    vs    am  gear  carb
##   <dbl> <dbl> <dbl> <dbl> <dbl> <dbl> <dbl> <dbl> <dbl> <dbl> <dbl>
## 1  19.2     6  196.   123  3.70  3.32  17.7     0     0     4     2
> map2_dfc(mtcars, names(mtcars), ~median(.x))
## # A tibble: 1 x 11
##     mpg   cyl  disp    hp  drat    wt  qsec    vs    am  gear  carb
##   <dbl> <dbl> <dbl> <dbl> <dbl> <dbl> <dbl> <dbl> <dbl> <dbl> <dbl>
## 1  19.2     6  196.   123  3.70  3.32  17.7     0     0     4     2
```

5.1.4 lmap——对列表型数据中的列表元素进行迭代运算

这一组函数是专门用来处理列表型数据的。不过，这一组函数并不在常用函数的清单之中，而且对列表型数据的处理是有专门的 R 包的，比如 rlist 包。表 5-4 中简略介绍了这一组的 3 个函数，参数设置与其他 map 家族函数一致，读者可自行练习理解。

表 5-4 lmap 函数家族及简要中文释义

函数	解释
lamp	返回值为列表，只接受一个功能
lamp _if	返回值为逻辑向量
lamp _at	返回值为字符串

5.1.5 invoke_map——对多个元素进行多个函数的迭代运算

invoke_map 函数家族存在的意义——对多个对象元素进行多函数迭代运算。另外熟悉 baseR 的读者可能会对函数 do.call 有所了解，invoke_map 和 do.call 并无本质区别，唯一的不同在于 invoke_map 函数与管道函数更加兼容，因此也可以将 invoke_map 理解为 do.call 的另一个版本。invoke_map 使用公式如下：

invoke_map（.*f*，.*x* = list（NULL），…，.env = NULL）

该组函数同样具有相同的参数选项，具体说明如下。

1）“.f” 在 invoke 函数中代表一个运算函数，而在 invoke_map 及其他成员函数中代表一组函数。

2）“.x” 在 invoke 函数中代表与其运算函数相对应的参数列表，而在 invoke_map 及其他成员函数中则需要以列表的形式列出参数列表。

3）对运算函数的参数补充设置。

4）环境设置，通常情况下采用默认设置即可。

表 5-5 中列出了全部的成员函数及其不同之处，读者可根据所处理的数据类型酌情选择最合适的子函数来进行数据操作。

表 5-5 invoke 函数家族及中文简要释义

函数	解释
invoke	返回值为列表，只接受一个功能函数，但可以附加一组参数
invoke_map	返回值为列表，接受多个功能函数，及多个参数设置，参数设置必须以列表形式呈现
invoke_map_lgl	返回值为逻辑向量
invoke_map_int	返回值为整数型
invoke_map_dbl	返回值为浮点型
invoke_map_chr	返回值为字符串

（续）

函　数	解　释
invoke_map_raw	返回值为双字节形式，不常用
invoke_map_dfr	返回值为数据框，会按照行来整合数据
invoke_map_dfc	返回值为数据框，会按照列对数据进行合并

下面通过两个简单的示例代码来解释 invoke_map 的使用方法和原理。第一个示例代码按照行序可依次解释如下。

1）创建一个 tibble 格式的数据框 df。数据框的第一个变量 f 中包括三个函数的名称，第二个变量 params 为一组嵌套的列表，第一层列表中包含 3 个元素，依次对应第一个变量中的 3 个函数，第二层列表中为函数的具体参数设置。比如，求均值的函数 mean，其常用的参数名称为 x 和 na.rm，因此变量 params 中的第二个列表中指定了这两个参数。

2）显示 df。

3）使用 invoke_map 来执行运算。运算可以解读为三个独立的函数运算，具体说明如下。

a）随机生成 5 个大于 0 且小于 1 的数——runif。

b）移除默认值后计算 5 到 20 的平均值——mean。

c）求 1 到 10 的和——sum。

示例一的代码具体如下：

```
> df <- tibble(
  f = c("runif", "mean", "sum"),
  params = list(
    list(n = 5),
    list(x = c(5:10,NA,15:20), na.rm = T),
    list(1:10)
  )
)
> df
## # A tibble: 3 x 2
##   f     params
##   <chr> <list>
## 1 runif <list [1]>
## 2 mean  <list [2]>
```

```
## 3 sum   <list [1]>
> invoke_map(df$f,df$params)
## [[1]]
## [1] 0.2191216 0.7016770 0.9532140 0.5687734 0.3369387
##
## [[2]]
## [1] 12.5
##
## [[3]]
## [1] 55
```

使用函数 invoke_map 时，对应关系是基本前提。下面的示例代码二通过经典数据集 mtcars 来进一步解释该组函数的原理及其局限性。示例代码二按照行序可依次解读为如下内容。

1）将 mtcars 转换成 tibble 格式，并保存为 df。

2）显示前 6 行数据。

3）使用 invoke_map 对变量“mpg”、“cyl”和“hp”进行均值和中间值的运算，并直接显示结果。运算可以解读为 6 个独立的函数按照指定的参数进行单独运算，最后将结果拼接在一起。

示例二的代码具体如下：

```
> df <- as.tibble(mtcars)
> head(df)
## # A tibble: 6 x 11
##     mpg   cyl  disp    hp  drat    wt  qsec    vs    am  gear  carb
##   <dbl> <dbl> <dbl> <dbl> <dbl> <dbl> <dbl> <dbl> <dbl> <dbl> <dbl>
## 1  21       6   160   110  3.9   2.62  16.5     0     1     4     4
## 2  21       6   160   110  3.9   2.88  17.0     0     1     4     4
## 3  22.8     4   108    93  3.85  2.32  18.6     1     1     4     1
## 4  21.4     6   258   110  3.08  3.22  19.4     1     0     3     1
## 5  18.7     8   360   175  3.15  3.44  17.0     0     0     3     2
## 6  18.1     6   225   105  2.76  3.46  20.2     1     0     3     1
> invoke_map(list(mean,
           mean,
           mean,
           median,
           median,
           median),
      list(list(x = df$mpg,na.rm = T),
           list(x = df$cyl),
```

```
              list(x = df$hp),
              list(x = df$mpg,na.rm = T),
              list(x = df$cyl),
              list(x = df$hp)))
## [[1]]
## [1] 20.09062
##
## [[2]]
## [1] 6.1875
##
## [[3]]
## [1] 146.6875
##
## [[4]]
## [1] 19.2
##
## [[5]]
## [1] 6
##
## [[6]]
## [1] 123
```

通过以上两个示例代码的解说，本节希望读者可以理解的点为：运算函数名和运算函数中的参数的前后对应。按照这样的规律，用户当然可以通过罗列相应的运算函数将数据集中的全部变量值求出，并返回为列表形式。只是这并非高效的数据计算方式，而且非常容易出错。而 5.1.3 节中的 imap 家族函数虽然可以对多个变量进行函数运算，但其无法满足同时调用多个运算函数，这时，dplyr 包的多功能性便有了用武之地。当用户追求更加高效的多函数多参数运算时，第 6 章将要介绍的 data.table 包结合 apply 函数家族则可能是最佳的选择。

5.2 探测函数群

purrr 包中除了各种简单易用的迭代循环函数之外，与 dplyr 包一样，其也额外提供了许多方便用户进行数据检索的小工具函数。熟练搭配使用这类函数，对数据处理及分析绝对会有如虎添翼的效果。

5.2.1 detect/detect_index——寻找第一个匹配条件的值

这一对函数很好区分也很容易记忆，具体说明如下。

1）detect 会显示匹配条件的数据值，如果指定的“.x”中没有符合条件的值，则返回 NULL。

2）detect_index 会返回符合条件的数据值的位置信息，若无满足条件的情况则返回值为 0。

detect/detect-index 秉承了 purrr 包优雅循环的特性，这组函数当然也会对指定的数据进行迭代循环，对参数“.x”中的每一个元素进行匹配检测。读者需要注意的是，参数“.p”和“.f”设置任意一个都可以完成检测的目的。下面的示例代码来自于帮助文档，下面对其拆分解释以帮助读者理解该组函数的用法。下面的示例代码按照行序可依次解释如下。

1）创建一个自定义函数，函数的名称为“是否为偶数”，具体的实施方法则为任意数值 x 能否整除（%%）2，也就是余数为 0。

2）使用 detect 函数来检测一列数值 3 到 10 中的第一个偶数，检测顺序默认为从左到右，返回值为第一个偶数的具体数值，即为 4。

3）使用 detect_index 函数来进行完全相同的检测，返回值为第一个偶数在 3 到 10 这一列数字当中的顺位，也就是第 2 位。

4）第三和四行代码与第二和三行代码的检测标准一致，不过检测顺序为从右至左，所以得到的结果分别为数字 10，以及数字 10 所在的顺位——第八位。

5）创建一个嵌套列表 x，其包含三个子列表，每个子列表中各有两个元素，第一个子列表中元素 a 为逻辑型数值，其值为真，元素 foo 中有数字 0；第二个子列表中元素 b 有数字 2，元素 foo 为逻辑真；第三个子列表中元素 c 中有数字 3，元素 foo 为逻辑真。

6）使用 detect 函数判别嵌套列表 x 中是否存在元素 a 为真的情况，并将匹配到的结果从列表中提取出来。这时的 detect 函数可以理解为一个匹配再加上提取函数，先判断逻辑真是否存在，若存在则提取出第一个匹配的元素并且终止函数运行，返回结果。

7）使用 detect 函数判别嵌套列表 x 中是否存在元素 foo 为真的情况，其原理与第 6 行代码相同。

8）使用 detect 函数判别嵌套列表 x 中是否存在元素 b 为真的情况，返回值为无满足条件的元素，也就是在嵌套列表 x 中无法匹配到一个元素 b 为逻辑真。

9）使用 detect_index 函数以从右向左的顺序验证是否有名为 foo 的元素为真。

示例代码具体如下：

```
> is_even <- function(x) x %% 2 == 0
```

```
> 3:10 %>% detect(is_even)
## [1] 4
> 3:10 %>% detect_index(is_even)
## [1] 2
> 3:10 %>% detect(is_even, .right = TRUE)
## [1] 10
> 3:10 %>% detect_index(is_even, .right = TRUE)
## [1] 8
> x <- list(
  list(a = as.logical(1), foo = 0),
  list(b = 2, foo = as.logical(1)),
  list(c = 3, foo = TRUE)
)
> detect(x, "a")
## $a
## [1] TRUE
##
## $foo
## [1] 0
> detect(x, "foo")
## $b
## [1] 2
##
## $foo
## [1] TRUE
> detect(x, "b")
## NULL
> detect_index(x, "foo", .right = TRUE)
## [1] 3
```

5.2.2 every/some——列表中是否全部或部分元素满足条件?

这一组函数与5.2.1节中的函数功能非常相似，唯一的区别正如其字面上的意思一样，被检测的向量中是否每一个都符合条件还是只有一些符合。条件every/some的函数格式如下：

erevy/some（.x，.p，...）

参数设置秉承purrr包的一贯规律，必要的向量对象“.x”，条件函数“.p”，条件函数中的参数可以通过3个点的参数来进行设置。下面的代码简要介绍了这两个函数的用法和原理。下面的示例代码按照顺序可解释为如下内容。

1）创建一个列表型数据a，其中包括3个元素，第一个元素中含有一组整数，第二个元素为一组字母，第 3 个元素为 NA（默认为逻辑型）。

2）测试 a 中是否全部为字符型元素，返回值为假，即并非全部为字符型。

3）测试 a 中是否全部为逻辑型，返回值为假，因为只有第三个元素为逻辑型。

4）测试 a 中是否部分为逻辑型，返回值为真。

5）测试 a 中的第一个元素是否全部为整数型数值，返回值为真。

6）测试 a 中是否部分为整数型元素，返回值为真，因为第一个元素为整数型。

示例代码具体如下：

```
> a <- list(as.integer(0:10), letters[1:5],NA)
> every(a,is.character)
## [1] FALSE
> every(a,is.logical)
## [1] FALSE
> some(a,is.logical)
## [1] TRUE
> every(a[1],is.integer)
## [1] TRUE
> some(a,is.integer)
## [1] TRUE
```

5.2.3　has_element——向量中是否存在想要的元素？

has_element 是一个功能很简单的实用小函数，当用户需要检测某一组向量中是否存在一个元素时，即可以用这个函数来进行迭代检测。has_element 函数的格式如下：

has_elment（.x，.y）

必须注意的是，该函数要求参数“.x”中的被检测对象，与“.y”中的条件对象必须完全一致，包括数值和数值的类型。下面的示例代码可用于对比介绍检测对象和条件对象的一致性。

1）创建原子向量 a，数值为 1。

2）创建原子向量 b，数值为 1 到 10。

3）检测向量 a 的类型，为浮点型，这也说明将单个数字保存为向量时，其默认类型为浮点型。

4）检测向量 b 的类型，为整数型，即创建一串数字时，其默认类型为整数型。

5）使用 has_element 检测 a 中是否含有数字 1，返回结果为真，因为两个值的默认类型皆为浮点型。假如将条件对象设置为 as.interger(1)，则返回结果为假。

6）使用 has_element 检测 b 中是否含有数字 1，返回结果为假，因为 b 中的数值皆为整数型，而条件对象 1 是浮点型。

7）当明确条件对象的数值类型也为整数型时，返回结果为真。

8）创建嵌套列表 x，x 中包含了 4 个元素，分别为整数型元素 1 到 10，值为 1 的列表元素，值为 -5 的浮点型元素和值为 9.9 的浮点型元素。

9）使用 has_element 检测 x 中是否含有值为 1 的列表型元素，返回结果为真。

示例代码具体如下：

```
> a <- 1
> b <- 1:10
> typeof(a)
## [1] "double"
> typeof(b)
## [1] "integer"
> has_element(a, 1)
## [1] TRUE
> has_element(b, 1)
## [1] FALSE
> has_element(b, as.integer(1))
## [1] TRUE
> x <- list(1:10, list(1),-5, 9.9)
> has_element(x, list(1))
## [1] TRUE
```

5.2.4 head/tail_while——满足条件之前和之后的元素

与之前的几个探测函数不同的是，head/tail_while 函数会将满足条件的元素之前和之后的元素都显示出来。参数设置与 5.2.1 节中的 detect 函数一致，这里不再赘述。下面的示例代码直接介绍 head/tail_while 函数的用法。

1）创建一个含有 6 个元素的列表 x。

2）调用 head_while 函数，检测并显示非 NA 之前的所有元素。

3）调用 tail_while 函数，检测并显示非 NA 之后的所有元素。

示例代码具体如下：

```
> x <- list(1,1:3, NA, 0, 1:10, 9.1)
> head_while(x, ~!is.na(.))
## [[1]]
```

```
## [1] 1
##
## [[2]]
## [1] 1 2 3
    > tail_while(x, ~!is.na(.))
    ## [[1]]
## [1] 0
##
## [[2]]
##  [1]  1  2  3  4  5  6  7  8  9 10
##
## [[3]]
## [1] 9.1
```

下面的代码将进行如下两项操作。

1）调用 head_while 函数，检测并显示大于 0 之前的所有元素。

2）调用 tail_while 函数，检测并显示大于 0 之后的所有元素。

实现代码具体如下：

```
    > head_while(x, ~.>0)
    ## [[1]]
## [1] 1
##
## [[2]]
## [1] 1 2 3
##
## [[3]]
## [1] NA
    > tail_while(x, ~.>0)
    ## [[1]]
##  [1]  1  2  3  4  5  6  7  8  9 10
##
## [[2]]
## [1] 9.1
```

5.2.5 keep/discard/compact——有条件筛选

这一组的 3 个函数中，keep/discard 互相对应，一为保留，一为丢弃，函数 compact 则类似于 discard，不同之处在于 compact 只会丢弃空元素。参数设置方面的内容请读者结合其他函数及下面的代码演示来进行理解。

1）创建一组整数型向量，保存为a。

2）调用keep函数来对a进行筛选，凡是大于3的整数保留，小于3的丢掉。

3）调用discard函数则将得到完全相反的结果。

示例代码具体如下：

```
> a <- 1:10
> keep(a, function(x) x > 3)
## [1]  4  5  6  7  8  9 10
> discard(a, ~.>3)
## [1] 1 2 3
```

小知识

在这个示例代码中，两个函数的第二个参数“.p”中，条件函数的设置是完全一样的，也就是说“function(x) x > 3”==“~.>3”。前者“function”函数中的x可以理解为a中的任意元素，与之相对应的是后者的“.”。

下面的示例代码将进行如下几项操作。

1）创建一个列表型向量b，b中包含了5个元素，分别为逻辑型元素NA，空元素NULL，字符串元素abc，整数型元素123，和空元素NULL。

2）调用keep函数来对b进行筛选，仅保留逻辑型元素。

3）调用discard函数则会得到完全相反的结果，逻辑元素NA被剔除。

4）调用compact函数去掉所有为空的元素。

示例代码具体如下：

```
> b <- list(NA,NULL,letters[1:3],1:3,NULL)
> keep(b, is.logical)
## [[1]]
## [1] NA
> discard(b,is.logical)
## [[1]]
## NULL
##
## [[2]]
## [1] "a" "b" "c"
##
## [[3]]
## [1] 1 2 3
##
## [[4]]
```

```
## NULL
> compact(b)
## [[1]]
## [1] NA
##
## [[2]]
## [1] "a" "b" "c"
##
## [[3]]
## [1] 1 2 3
```

5.2.6 prepend——随意插入数据

类似于 2.2.4 小节中的 add_row/column 函数，prepend 函数可以赋予用户在一个向量对象的任意位置增加元素。具体用法请参看下面的代码示例。

1）创建整数型向量 a，数值为 1 到 5。

2）创建列表型向量 b，列表内为 3 个元素。

3）调用 prepend 在向量 a 中增加一个元素 NA，增加的位置在 a 中第三个元素之前。

4）调用 prepend 在向量 b 中增加一个元素 NA，增加的位置在 b 中第三个元素之前。

实现代码具体如下：

```
> a <- 1:5
> b <- list(1,2,3)
> prepend(a, NA, 3)
## [1]  1  2 NA  3  4  5
> prepend(b, NA, 3)
## [[1]]
## [1] 1
##
## [[2]]
## [1] 2
##
## [[3]]
## [1] NA
##
## [[4]]
## [1] 3
```

5.3 向量操纵工具箱

purrr包中还有一部分专门用来操纵向量的函数，这一部分函数大多为将其他包中已存在的函数，经过整理加工，使其变得更加规整易用。这一部分函数的原理与dplyr包中的操控函数非常相似，只是处理对象多为列表型数据，而处理列表型数据也是purrr包最大的优势。虽然purrr包中的列表操控函数非常强大，但是对于初学者来说，这部分内容可能只会带来更多的困惑，因此这里仅介绍各个操控函数的基本原理而不再进行代码演示。

5.3.1 accumulate和reduce家族——元素累积运算

accumulate和reduce这两组函数的功能一致，都是将列表中的元素按照设定的条件函数进行运算，两组函数之间的区别在于函数accumulate会保留所有的中间值和最后的累积值，而reduce则是简单粗暴地给出最后的计算结果。表5-6中列出了accumulate函数的具体参数及中文释义。

表5-6 accumulate函数的具体参数及中文释义

函　数	中文释义
.x	目标R对象
.f	运行函数。当所需运行的函数接受两个参数时，则前一步的计算结果或起始数值会被作为参数一，后续数值会被视为参数二
...	“.f”参数中的函数补充项
.init	可选参数，若指定则以改数值作为起始数值，详情请参考代码演示

下列示例代码通过随机创建一个数值向量a演示了accumulate函数的基本原理。向量a中共包含10个数字，为方便读者理解，在每次运行accumulate函数之前，向量a都被单独列出以方便对照。示例代码具体如下：

```
> a <- 1:10
```

首先演示最简单的参数设置，这里用到sum函数对向量中的数值进行求和计算。accumulate函数会从第一位数字1开始，将上一步的计算结果与执行位置的数值相加。实现代码具体如下：

```
> a
##  [1]  1  2  3  4  5  6  7  8  9 10
```

```
> a %>%
accumulate(sum)
## [1]  1  3  6 10 15 21 28 36 45 55
```

参数“.init”为可选项，当选择设置该参数时，则 accumulate 会将该值作为起始数值，向量 a 中的第一位数值 1 加 0 得 1 后将置于结果的第二位。因为初始值的原因，计算结果将向后错一位。实现代码具体如下：

```
> a
## [1]  1  2  3  4  5  6  7  8  9 10
> a %>%
accumulate(sum, .init = 0)
## [1]  0  1  3  6 10 15 21 28 36 45 55
> a %>%
accumulate(sum, .init = 1)
## [1]  1  2  4  7 11 16 22 29 37 46 56
```

函数 reduce 不会与 accumulate 的基本原理一致，但显示结果时仅显示最后的计算结果。读者可以将 accumulate 函数理解为 baseR 中 cumsum 或 cummean 等函数的循环迭代版，相应的，reduce 也可以理解为 dplyr 包中 summarise 函数的升级版。实现代码具体如下：

```
> a %>%
reduce(sum)
## [1] 55
```

5.3.2　其他工具函数

1. cross 家族——排列组合

这一家族的函数皆为 baseR 中 expand.grid 函数的升级优化版，即将两组向量中所有可能的排列组合都列举出来。cross 家庭函数一般在涉及地理坐标上的应用比较多，比如已知一个地区的地理坐标范围，在这一地区内部有一部分地点的数据已经采集完毕，如若想快速准确地了解哪些地理坐标位置点的数据还未采集，则可以调用 cross 家族函数中的一个成员，使用已知的地理坐标范围和坐标间距，生成这一地区内全部的地理坐标点，最后将已采集数据部分的地理坐标与之相对比，即可得出想要的答案。

2. 列表的转置、更新、切割或者变形

表 5-7 中列举了处理列表型数据所用的关键函数。当用户对列表型数据有一定程度的理解之后，会发现这些函数都非常简单易用，不过具体的实用性还有待读者根据自身

情况进行发掘。

表 5-7　列表型元素的操控函数一览

函数	解　释
flatten 家族	这一组函数与 5.1 节中讨论的 map 家族函数遥相呼应，不同的成员函数分别对应于不同的数据类型，可以将列表型数据转置成用户需要的格式，前提是转置对象的结构必须符合转置要求，否则无法进行转置
list_modify/merge	该函数的基本原理与第 3 章 dplyr 包中的 mutate 函数一致，仅仅是处理对象更改为列表型数据
splice	splice 算是 purrr 特有的一个函数，可以将一个 R 对象切成不同的元素之后再拼接成一个列表
transpose	将列表型数据从里到外翻过来

5.4　其他实用函数

5.4.1　set_names——命名向量中的元素

函数 set_names 是个舶来品，不过因为其实在是太实用了，所以 Hadley 将这个 rlang 包中的函数特意放进了 purrr 包，而原来在 rlang 包中的 set_names 函数则是 stats 包中的 setNames 函数的简化升级版。set_names 函数的功能其实很简单，其仅仅是为向量中的元素命名，重点在于命名之后的向量，名字变成了属性，可以紧紧跟随各个元素，就像标签一样标注了元素的来源。而当一次性处理不同来源但性质和内容类似的元素时，有一个来源注释会大大减少数据处理和分析的痛苦。函数仅包含三个参数，具体格式如下：

set_names（x，nm = x，…）

1）x 代表必须指定，需要命名的向量。

2）nm 代表为元素命名的名字，长度需要与 x 中的向量一致。默认设置为向量本身，也就是说当用户不指定任何名称向量时，该函数会用向量中的元素值为各个元素命名。如果向量中的元素已经有名字了，也可以通过该参数来更改已经存在的名字。

3）"…" 与 nm 参数的功能类似，可以使用单独的字符串来为向量中的元素命名。

首先通过下面的示例代码来解释 set_names 函数的使用方法，然后再向读者介绍一些小技巧以展示该函数的实用性。示例代码按照行序可以依次解读为如下内容。

1）列出文件夹 RawData 中的全部“.csv”文件，并列出每个文件的绝对路径，保存为向量 nonm。

2）显示 nonm。

3）列出文件夹 RawData 中的全部“.csv”文件，并列出每个文件的绝对路径，将结果通过管道函数传递给 set_names 函数，最后保存为向量 nm。

4）显示 nm，因为上一步中 set_names 函数使用了默认设置，所以 nm 中的各个元素名称与元素本身一致。区别在于元素本身为字符串型数据，以双引号区分彼此，而名字无双引号。

5）第 5 到 6 行代码分别对向量 nonm 和 nm 运行 names 函数以检视其中的元素名字，nonm 中的元素无名字，所以返回值为 NULL。nm 中的元素有名字，所以返回一个字符串向量。

set_names 函数的示例代码具体如下：

```
> nonm <- list.files("RawData/",pattern = "*.csv",full.names = T)
> nonm
## [1]"RawData/iris (1).csv" "RawData/iris (2).csv" "RawData/iris (3).csv"
> nm <- list.files("RawData/",pattern = "*.csv",full.names = T) %>%
set_names()
> nm
##   RawData/iris (1).csv   RawData/iris (2).csv   RawData/iris (3).csv
## "RawData/iris (1).csv" "RawData/iris (2).csv" "RawData/iris (3).csv"
> names(nonm)
## NULL
> names(nm)
## [1]"RawData/iris (1).csv" "RawData/iris (2).csv" "RawData/iris (3).csv"
```

通常情况下使用默认名字已然足够，如果用户需要自定义名称，则可以参照帮助文档中的代码示意进行 nm 参数的设置。第二个代码演示简要展示了函数 set_names 如何与其他函数配合使用读取多个“.csv”文件，并将数据来源标注到最后的数据框中。

下面的示例代码按照行序可依次解释为如下内容。

1）列出文件夹 RawData 中的全部“.csv”文件，并列出每个文件的绝对路径，将结果通过管道函数传递给 set_names 函数进行重命名，命名规则为默认设置，即使用文件本身的绝对路径作为名字。然后将命名后的结果用管道函数传递给 map 函数进行迭代读取，读取函数为 read.csv，读者可以参考 5.1.1 节对 map 函数的解释来帮助理解。最后将结果保存为 l。

2）使用 str 函数来检视列表 l；列表中包含三个元素，分别来自三个不同的文件。

3）使用 imap 函数家族中的 imap_dfr 将列表 l 中的元素按照行整合成一个新的数据框，在整合之前，调用 transform 函数来对列表中的每个元素进行新增列操作，新增的列名为 filename，这一列的数据值则为相应的元素名称，也就是原始数据的文件名；最后将结果保存在名为 bigdf 的数据框中。

4）使用 str 函数来检视 bigdf。

5）使用 unique 函数验证读取结果。

实现代码具体如下：

```
> l <- list.files("RawData/", pattern = "*.csv", full.names = T) %>%
set_names() %>%
map( ~ read.csv(.,stringsAsFactors = F))
> str(l)
## List of 3
## $ RawData/iris (1).csv:'data.frame':    150 obs. of  5 variables:
##  ..$ Sepal.Length: num [1:150] 5.1 4.9 4.7 4.6 5 5.4 4.6 5 4.4 4.9 ...
##  ..$ Sepal.Width : num [1:150] 3.5 3 3.2 3.1 3.6 3.9 3.4 3.4 2.9 3.1
##  ..$ Petal.Length: num [1:150] 1.4 1.4 1.3 1.5 1.4 1.7 1.4 1.5 1.4 1.5
##  ..$ Petal.Width : num [1:150] 0.2 0.2 0.2 0.2 0.2 0.4 0.3 0.2 0.2 0.1
##  ..$ Species     : chr [1:150] "setosa" "setosa" "setosa" "setosa" ...
## $ RawData/iris (2).csv:'data.frame':    150 obs. of  5 variables:
##  ..$ Sepal.Length: num [1:150] 5.1 4.9 4.7 4.6 5 5.4 4.6 5 4.4 4.9 ...
##  ..$ Sepal.Width : num [1:150] 3.5 3 3.2 3.1 3.6 3.9 3.4 3.4 2.9 3.1
##  ..$ Petal.Length: num [1:150] 1.4 1.4 1.3 1.5 1.4 1.7 1.4 1.5 1.4 1.5
##  ..$ Petal.Width : num [1:150] 0.2 0.2 0.2 0.2 0.2 0.4 0.3 0.2 0.2 0.1
##  ..$ Species     : chr [1:150] "setosa" "setosa" "setosa" "setosa" ...
## $ RawData/iris (3).csv:'data.frame':    150 obs. of  5 variables:
##  ..$ Sepal.Length: num [1:150] 5.1 4.9 4.7 4.6 5 5.4 4.6 5 4.4 4.9 ...
##  ..$ Sepal.Width : num [1:150] 3.5 3 3.2 3.1 3.6 3.9 3.4 3.4 2.9 3.1
##  ..$ Petal.Length: num [1:150] 1.4 1.4 1.3 1.5 1.4 1.7 1.4 1.5 1.4 1.5
##  ..$ Petal.Width : num [1:150] 0.2 0.2 0.2 0.2 0.2 0.4 0.3 0.2 0.2 0.1
##  ..$ Species     : chr [1:150] "setosa" "setosa" "setosa" "setosa" ...
> bigdf <- imap_dfr(l, ~ transform(.x, filename = .y))
> str(bigdf)
## 'data.frame':    450 obs. of  6 variables:
## $ Sepal.Length: num  5.1 4.9 4.7 4.6 5 5.4 4.6 5 4.4 4.9 ...
## $ Sepal.Width : num  3.5 3 3.2 3.1 3.6 3.9 3.4 3.4 2.9 3.1 ...
```

```
## $ Petal.Length: num 1.4 1.4 1.3 1.5 1.4 1.7 1.4 1.5 1.4 1.5 ...
## $ Petal.Width : num 0.2 0.2 0.2 0.2 0.2 0.4 0.3 0.2 0.2 0.1 ...
## $ Species     : chr "setosa" "setosa" "setosa" "setosa" ...
## $ filename    : chr "RawData/iris (1).csv" "RawData/iris (1).csv" "RawData/
iris (1).csv" "RawData/iris (1).csv" ...
> bigdf$filename %>% unique()
## [1] "RawData/iris (1).csv" "RawData/iris (2).csv" "RawData/iris (3).
csv
```

相较于第 4 章中使用 sapply 函数进行数据来源文件名标注，purrr 包的标注略微有些繁琐，不过优势在于可以将所有步骤通过管道函数连接起来，且参数设置一致，数据在被各个函数处理之后仍能保留原有的格式及属性。孰优孰劣则需用户根据自身需求仁者见仁、智者见智了。

第三个示例代码希望读者了解如何使用 set_names 来对 Excel 的多个工作表中的数据进行来源标注。示例代码按照顺序可解释为如下内容。

1）调用 readxl 包中的 excel_sheets 函数来检测名为 multiply_spreadsheet.xlsx 全部工作表的名称，并将结果传递给 set_names 进行命名，然后将命名后的结果传递给 map_df。map_df 会对该结果执行 read_excel 函数，运行的规则为按照 set_names 函数中各个工作表的名字进行读取，读取后的数据将直接整合进数据框中，而其来源则会标注到变量“id”中，最后的结果将保存进 worksheet。

2）使用 head 函数检视结果。

3）再次运行 unique 检查结果。

实现代码具体如下：

```
> worksheet <- readxl::excel_sheets("RawData/multiply_spreadsheet.xlsx")
   %>%
set_names() %>%
map_df(.,~ readxl::read_excel("RawData/multiply_spreadsheet.xlsx",sheet=.),.
   id = "id")
> worksheet %>% head()
## # A tibble: 6 x 6
##   id     Sepal.Length Sepal.Width Petal.Length Petal.Width Species
##   <chr>         <dbl>       <dbl>        <dbl>       <dbl> <chr>
## 1 Sheet1          5.1         3.5          1.4         0.2 setosa
## 2 Sheet1          4.9         3            1.4         0.2 setosa
## 3 Sheet1          4.7         3.2          1.3         0.2 setosa
## 4 Sheet1          4.6         3.1          1.5         0.2 setosa
## 5 Sheet1          5           3.6          1.4         0.2 setosa
```

```
## 6 Sheet1           5.4          3.9          1.7          0.4 setosa
> worksheet$id %>% unique()
## [1] "Sheet1" "Sheet2" "Sheet3"
```

小技巧

若只需要使用某个R包中的个别函数，则可以使用包名称+两个冒号+函数名称的方式来避免装载某个R包。另外，这样的函数调用方式能够确保函数调用的准确性，从而避免出现不同R包中函数名称重复而导致的函数调用错误。

5.4.2 vec_depth——嵌套列表型数据探测器

vec_depth函数同样是一个功能很简单，却非常实用的小函数。该函数可用于检测一个向量一共包含有多少层级。参数只有一个必要项，即想要探测的向量。下面的代码对帮助文档中的示例代码进行了加工更改以便于更好的理解，具体解释如下。

1）创建一个嵌套列表x，该列表共包含3个元素，分别是a、b和c。元素a中只有数字1；元素b为一个列表，列表中只包含一个元素a，值为1；元素c为一个嵌套列表，列表的第一层是名称为aa的列表元素，第二层为名称为a、值为1的列表元素。

2）显示x来查看该列表。

3）对x执行vec_depth，返回值为4，即代表该嵌套型列表为4层。

4）使用map_int对x中的元素进行迭代探测，返回值为1、2和3，分别代表第一个元素a中的值相距用户的工作环境（global environment）为一层，元素b中的值为两层，元素c为3层。

示例代码具体如下：

```
> x <- list(a = 1,
    b = list(a = 1),
    c = list(aa = list(a = 1)))
> x
## $a
## [1] 1
##
## $b
## $b$a
## [1] 1
```

```
##
## $c
## $c$aa
## $c$aa$a
## [1] 1
> vec_depth(x)
## [1] 4
> x %>% map_int(vec_depth)
## a b c
## 1 2 3
```

更多的使用方法和技巧还有待广大读者自行探索与发现。

5.5 循环读取、清理和计算

R 中的任何函数单独使用时，其作用都是有限的，为了达到数据分析的目的，用户需要在适当的时候选择适当的函数。第 1 章到第 3 章中讨论了数据读取、清理和计算常用的 R 包及其函数，如何将这些函数有机地结合到一起使用，是我们熟练使用 R 语言数据分析的关键一步。下面的示例代码向读者展示了如何将读取、清理和计算通过管道函数串联在一起，使代码更加简洁高效。这一段示例代码的实现思路具体如下。

1）列出原始文件的绝对路径。

2）将原始文件读取到 R 中，并标记文件来源。

3）数据清理及计算。

实现代码具体如下：

```
> results <- list.files("RawData/",pattern = "*.csv",full.names = T) %>%
    set_names() %>%
map( ~ read.csv(.,stringsAsFactors = F))%>%
imap( ~ transform(.x, filename = .y)) %>%
map_df(~ mutate(., filename = gsub("RawData\\/|\\.csv|\\s\\(|\\)","",filename))
  %>%
    group_by(filename,Species) %>%
    summarise_if(is.numeric,funs(min,max,mean,sd,median)))
```

按照设定好的数据处理思路，上面的代码可依次解释为如下内容。

1）使用 list.files 函数（baseR）将文件夹中所有的“.csv”文件的绝对路径读取到 R 中。

2）将第 1）步的结果经过管道函数传递给 set_names 函数（purrr），使用默认设置来为原始文件的绝对路径命名。

3）调用 map 函数（purrr）对上一步的结果进行迭代，每一步迭代的函数为 read.csv（baseR），read.csv 将每一个原始文件读取为数据框格式（data.frame），然后保存在一个列表型向量中。

4）调用 imap 函数（purrr）来对第 3）步的结果进行迭代，迭代中使用 transform 函数（baseR）来为每一个数据框新增一列 filename，用于标记文件来源，具体原理请参见 5.1.3 节。

5）调用 map_df 函数（purrr）对第 4）步的结果进行迭代，并最终返回数据框形式，每进行一步迭代时都对数据框进行如下操作。

a）更改 filename 列中的值，将文件夹名和文件拓展名去掉，以简化文件来源，这里是将 gsub（baseR）配合 mutate 函数（dplyr）使用。

b）将数据框按照 filename 和 Species 分组。

c）对数据框中所有数字型变量进行最小值（min）、最大值（max）、均值（mean）、标准偏差（sd）和中间值（median）的计算，这里调用了 summarise_if 函数（dplyr）、数值类型判别函数 is.numeric 和其他数学运算函数。

6）最后将结果保存在数据框 results 中。

下面的示例代码调用 head 函数对结果进行检验，原始文件已经按照文件来源和品种（Species）列好，计算结果也显示正常。检验结果具体如下：

```
> head(results)
## # A tibble: 6 x 22
## # Groups:   filename [2]
##   filename Species    Sepal.Length_min Sepal.Width_min Petal.Length_min
##   <chr>    <chr>                 <dbl>           <dbl>            <dbl>
## 1 iris1    setosa                  4.3             2.3              1
## 2 iris1    versicolor              4.9             2                3
## 3 iris1    virginica               4.9             2.2              4.5
## 4 iris2    setosa                  4.3             2.3              1
## 5 iris2    versicolor              4.9             2                3
## 6 iris2    virginica               4.9             2.2              4.5
## # ... with 17 more variables: Petal.Width_min <dbl>,
## # Sepal.Length_max <dbl>, Sepal.Width_max <dbl>, Petal.Length_max <dbl>
## #   Petal.Width_max <dbl>, Sepal.Length_mean <dbl>,
```

```
## #   Sepal.Width_mean <dbl>, Petal.Length_mean <dbl>,
## #   Petal.Width_mean <dbl>, Sepal.Length_sd <dbl>, Sepal.Width_sd <dbl>
## #   Petal.Length_sd <dbl>, Petal.Width_sd <dbl>,
## #   Sepal.Length_median <dbl>, Sepal.Width_median <dbl>,
## #   Petal.Length_median <dbl>, Petal.Width_median <dbl>
```

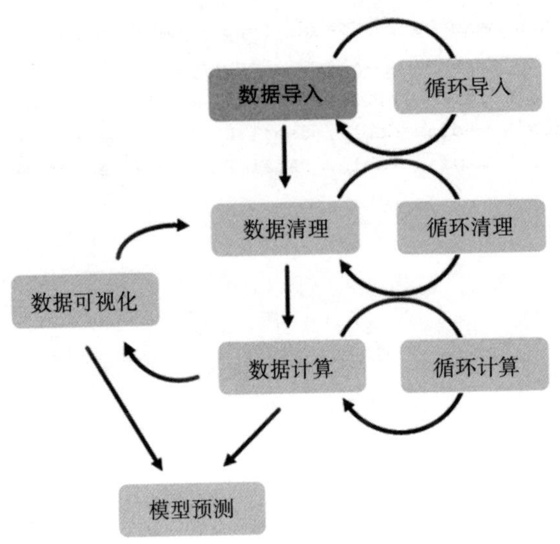

第 6 章

data.table——超级“瑞士军刀”

data.table 包是目前世界范围内最强悍的数据处理 R 包。虽然因为各种原因该包的名声不及 tidyverse 系列出名，但 data.table 包绝对是 R 用户必须要掌握的技能，原因主要有 3 点：快速、简洁和高效。本章将结合之前章节中有关 tidyverse 包中读者已经熟悉的函数功能，对比介绍 data.table 包中相应的函数。

6.1 data.table 简介

data.table 包的诞生颇具传奇色彩。第一作者 Matt Dowle 原本是 S-PLUS 用户（一款与 R 语言同样源于 S 语言的面向对象数据分析商业软件），但是因为商业化的 S-PLUS 更新滞后，拒绝公开函数源代码等原因，Matt 在 2002 年时开始使用 R 语言。在 2004 年他加入另外一家公司后，data.table 包的雏形诞生了，其可通过中括号对数据框进行子集数据选取并直接进行数据运算。Matt 实现了自己最初想要简化代码的夙愿。2008 年，data.table 包正式问世。其简洁到令人发指的语句可能也因此而令一部分用户望而却步。具体来说，当用户将 data.frame 类型数据设置成 data.table 类型后，只需要考虑 3 个部分：行、列和分组。只需这 3 个部分便可以轻松处理 GB 级别的数据，并将数据处理时间提高数百倍。随着越来越多的 R 专家用户意识到 data.table 包的无限潜力并贡献新的想法，再加上 Matt 本身在 StackOverflow 平台上积极地回答关于该包的相关问题，今天的 data.table 包是 StackOverflow 上所有 R 包中第四活跃的，同时也位列 GitHub 最受欢迎的 R 包之中。

data.table 既是 R 包的名字，同时也是一种数据格式，作为 data.frame 的升级版，data.table 格式的数据集完全继承了 data.frame 格式的所有特性，也就是说，能够执行 data.frame 的函数都可以用来处理 data.table 格式。

6.2 基本函数

6.2.1 fread——速读

fread 是 fast read（速读）的缩写。fread 函数读取数据的速度优势的相关示例在网上已有很多，本节不再赘述。而即使排除读取速度这一项，fread 函数的便捷性也是 R 包中其他的类似函数所无法比拟的。首先简单介绍一下该函数的参数设置。fread 一共包含了 26 项参数，其默认设置完全可以胜任大部分传感器收集的数据。当遇到“脏”数据需要调整参数时，一般情况下会涉及的参数及其说明具体见表 6-1。

表 6-1 一般“脏”数据读取，fread 函数常见参数名称及描述

参数名称	功能描述
seq	原始数据文件内，区别列的分隔符，默认参数 autostart 包括 5 种分隔符，分别为逗号、tab 符号、逻辑或（竖线）、分号和冒号。如若用户遇到其他比较特殊的分隔符，则可以调整该参数来准确读取不同列的数据
header	第一行数据是否为列名？默认设置为检测数据文件内第一行非空的数据类型，如果类型为字符型，则使用该列为列名，若任意一列无列名，则函数会指定一默认列名，通常为以 V 开头加数字的形式。用户可以设置该参数为假（FALSE），此时函数会使用默认列名设置
na.strings	对默认值的预处理，用户可以指定何种字符为默认值以避免出现空白数值的情况，详情请参见 1.1.3 节

（续）

参数名称	功能描述
skip	跳过若干行或指定行之后开始读取数据。该参数可以直接设置为任意数字，若假设该数字为 *N*，则函数从 *N*+1 行开始读取。默认设置为从第一行非空的数据开始读取
select	选择指定列进行读取。可以用列名或列位置进行指定。默认设置为读取全部列
drop	与 select 参数相反，不读取指定列。默认设置为 NULL，即读取全部列
colClasses	列类型。可以设置为一组字符串向量来指定不同列的数据类型，设置方法与 utils 包中的 read.csv 一致。除非用户有明确的使用要求，通常情况下不建议用户自定义列类型。fread 函数会检测 1000 行数据来决定每一列的类型，这一点与 readr 包中读取函数（read_csv 或 read_table）的决策机制一致
col.names	用户可以自定义列名。如果数据本身具有列名，则默认设置是使用已存在的列名，否则使用“V”加数字来对列名进行设置
check.names	是否检查列名，默认为否。检查列名参数可以确保列名后续的数据计算，从而排除重复列名的可能性
encoding	对数据的解码设置。数字型数据通常无须修改这一参数。不过当用户需要处理中文或其他语言的文本数据时，则可能不得不调整该参数以读取准确的数据
strip.white	是否去掉数值前后的空格。默认为是。如果设置为否，则只会去掉列名内的空格
fill	当数据的某一行或若干行与其余行的列数不相等时，是否使用空白值来补齐不相等的位置。默认为否
blank.lines.skip	是否去掉空白行
data.table	是否将读取后的数据框转置成 data.table 格式。默认为是。这里需要提醒读者注意的是，data.table 格式为进阶版的 data.frame，处理 data.frame 的所有函数都可以处理 data.table，但是 data.table 包内的其他函数无法直接处理 data.frame

表 6-1 中所罗列的参数大部分已在第 1 章中讨论过，尽管有些参数名称略有变化，但是功能一致的参数设置方法是相同的。因此本节不会赘述有重叠的参数，比如 na.stings 或 colClasses。因为 fread 函数中的 skip、select、drop 和 check.names 在处理“脏”数据时可能会非常有效，所以本节将着重对这 4 个参数进行代码演示。另外，fread 函数可以接受控制行命令，这一特点对于熟悉 Linux 系统和控制行命令的用户来说，不但可以极大地提高数据批处理的效率，也可以减少中间产物对电脑内存的占用。

下列示例代码段首先装载 data.table 包，然后通过 fwrite 函数将部分 mtcars 数据集的内容输出到名为“ mtcars_DT.csv”的文件中，作为演示 fread 函数部分参数设置的数据文件。最后通过 fread 函数的默认设置将该示例数据文件读取到 R 中。函数的默认设置将本没有列名的第一列自动命名为 V1，并且保留其数值格式为字符串，而非因子型（函数 read.csv 的默认设置会将字符串数据类型读取为因子型数值）。实现代码具体如下：

```
> library(data.table) #版本号1.10.4-2
> fwrite(mtcars[1:5,1:3],file = "./RawData/mtcars_DT.csv",row.names = TRUE)
> fread("./RawData/mtcars_DT.csv")
##                    V1  mpg cyl disp
## 1:          Mazda RX4 21.0   6  160
## 2:      Mazda RX4 Wag 21.0   6  160
## 3:         Datsun 710 22.8   4  108
## 4:     Hornet 4 Drive 21.4   6  258
## 5: Hornet Sportabout 18.7   8  360
```

参数 skip 可以作为字符串筛选工具，帮助用户从特定位置进行数据读取。代码清单 6-1 的 5 行代码通过更改 skip 参数的设置来帮助读者理解该参数。第 1、2 行代码中，参数为“ Mazda”和“ Mazda RX4”，函数将读取文件内的所有数据，这是因为 fread 函数会搜寻第 1 行中带有“ Mazda”或“ Mazda RX4”的数据行，然后从该行开始读取。示例数据集中的第 1、2 行都包括 skip 参数中设定的字符串，因此读取的是完整的数据集。但是列名已默认设置为 data.table 的编号，而非上一示例代码中的列名，这是因为函数跳过了列名而对指定行进行读取。

第 3 行代码将 skip 参数设定为“ Mazda RX4 Wag”之后，fread 仅从含有指定字符串的行开始读取 4 行数据；第 4、5 行代码演示了相同的功能。

代码清单6-1 fread函数skip参数设置举例

```
> fread("./RawData/mtcars_DT.csv", skip = "Mazda")
##                    V1   V2 V3  V4
## 1:          Mazda RX4 21.0  6 160
## 2:      Mazda RX4 Wag 21.0  6 160
## 3:         Datsun 710 22.8  4 108
## 4:     Hornet 4 Drive 21.4  6 258
## 5: Hornet Sportabout 18.7  8 360
> fread("./RawData/mtcars_DT.csv", skip = "Mazda RX4")
##                    V1   V2 V3  V4
## 1:          Mazda RX4 21.0  6 160
## 2:      Mazda RX4 Wag 21.0  6 160
## 3:         Datsun 710 22.8  4 108
## 4:     Hornet 4 Drive 21.4  6 258
## 5: Hornet Sportabout 18.7  8 360
> fread("./RawData/mtcars_DT.csv", skip = "Mazda RX4 Wag")
```

```
##                     V1   V2 V3  V4
## 1:     Mazda RX4 Wag 21.0  6 160
## 2:        Datsun 710 22.8  4 108
## 3:    Hornet 4 Drive 21.4  6 258
## 4: Hornet Sportabout 18.7  8 360
> fread("./RawData/mtcars_DT.csv", skip = "710")
##                     V1   V2 V3  V4
## 1:        Datsun 710 22.8  4 108
## 2:    Hornet 4 Drive 21.4  6 258
## 3: Hornet Sportabout 18.7  8 360
> fread("./RawData/mtcars_DT.csv", skip = "Drive")
##                     V1   V2 V3  V4
## 1:    Hornet 4 Drive 21.4  6 258
## 2: Hornet Sportabout 18.7  8 360
```

与skip参数功能类似，但对数据列进行筛选的两个参数为，select和drop。代码清单6-2中的4行代码简略展示了两种参数的一般设置方法。用户既可以通过列名（第1行和3行），也可以通过列位置（第2行和4行）来选取或去除某一列或若干列数据。当用户需要处理的原始数据文件内包括上百个列，而所需处理的列仅为个位数时，善用这两个参数可能会减少很多等待数据读取的时间。

代码清单6-2　fread函数中select和drop参数基本使用示例

```
> fread("./RawData/mtcars_DT.csv", select = c("V1","cyl"))
##                    V1 cyl
## 1:         Mazda RX4   6
## 2:     Mazda RX4 Wag   6
## 3:        Datsun 710   4
## 4:    Hornet 4 Drive   6
## 5: Hornet Sportabout   8
> fread("./RawData/mtcars_DT.csv", select = c(1,3))
##                    V1 cyl
## 1:         Mazda RX4   6
## 2:     Mazda RX4 Wag   6
## 3:        Datsun 710   4
## 4:    Hornet 4 Drive   6
## 5: Hornet Sportabout   8
> fread("./RawData/mtcars_DT.csv", drop = "cyl")
##                    V1  mpg disp
## 1:         Mazda RX4 21.0  160
## 2:     Mazda RX4 Wag 21.0  160
## 3:        Datsun 710 22.8  108
```

```
## 4:    Hornet 4 Drive 21.4  258
## 5: Hornet Sportabout 18.7  360
> fread("./RawData/mtcars_DT.csv", drop = 2)
##                      V1 cyl disp
## 1:          Mazda RX4   6  160
## 2:      Mazda RX4 Wag   6  160
## 3:         Datsun 710   4  108
## 4:     Hornet 4 Drive   6  258
## 5: Hornet Sportabout   8  360
```

在介绍参数 check.names 之前，首先需要创建一个具有重复列名的示例数据集，也就是下面第 1 到 4 行代码中所实现的部分。按顺序解释具体如下。

1）从 mtcars 中选取位于第 1 列到第 3 列数据中前 5 行的部分，并保存为 df。

2）对 df 的列名进行人为更改。

3）检查更改结果。

4）使用 fwrite 函数输出到文件夹中。

5）最后通过 fread 函数读取该数据集，并设定 check.names 参数为真。check.names 会对重复变量名称进行修改以确保所有列名的唯一性。这一特性能够帮助用户在后续的计算中不会因为列名重复而导致报错。

示例代码具体如下：

```
> df <- mtcars[1:5,1:3]
> colnames(df) <- c("V1","V2","V2")
> df
##                     V1 V2  V2
## Mazda RX4         21.0  6 160
## Mazda RX4 Wag     21.0  6 160
## Datsun 710        22.8  4 108
## Hornet 4 Drive    21.4  6 258
## Hornet Sportabout 18.7  8 360
> fwrite(df,"./RawData/mtcars_wrongnaming.csv",row.names = TRUE)
> fread("./RawData/mtcars_wrongnaming.csv", check.names = TRUE)
##                     V1 V1.1 V2 V2.1
## 1:          Mazda RX4 21.0  6  160
## 2:      Mazda RX4 Wag 21.0  6  160
## 3:         Datsun 710 22.8  4  108
## 4:     Hornet 4 Drive 21.4  6  258
## 5: Hornet Sportabout 18.7  8  360
```

控制行在批处理海量数据集时，其速度优势要明显高于 R 语言。有条件的用户可以完美地结合两种语言的优势来提高数据处理的效率和准确度。函数 fread 可以完美地接受 Shell 语言。对于有一定 Linux 系统基础的读者来说，可以模仿下面的示例代码来实现控制行与 R 语言的交互。代码的含义可以理解为，调用 find 函数，找出存储在系统 /input/projects/project1/processedData/ 文件夹内所有以“.csv”结尾的文件，并以标准格式（平面文档）输出这些文件的名字，最后使用 fread 函数的默认设置，将这些已存在的文件名读取到 R 环境中。实现代码具体如下：

```
> fread("find /input/projects/project1/processedData/ -type f -name *.csv")
```

这一行代码可以在极短的时间内，检索已经处理过的数据，再以此交叉对比所需处理的全部文件，即可得到仍需处理的数据文件。如此一来，即使批处理文件的数量达到百万级，也仍可确保能够妥善生成所需数据，并且无重复。

当然，熟悉 Shell 语言的用户完全可以将数据处理通过 Shell 命令来完成。比如简单的字符串删减，符合某类标准的数值筛选等。然后只将 Shell 命令处理后的数据通过 fread 函数读取到 R 环境中，来完成统计分析、可视化或是建模等后续步骤。推荐对控制行命令感兴趣的用户浏览《Data Science at the Command Line》一书。

6.2.2 DT[i, j, by]——数据处理句式基本结构

当用户选择使用以 data.table 数据集的形式来进行数据处理时，就相当于是选择了简洁。data.table 的基本句式如下：

DT[i, j, by]

其中，DT 代表 data.table 的缩写，中括号内的部分具体说明如下。

1）i 代表行。

2）j 代表列。

3）by 代表分组标准。

对于初学者来说，着重理解该句式中的行和列设定比较符合实际需求。这是因为分组标准的设置主要是为了应对数据运算和后续的分析，所以句式可以简化为：

DT[i, j]

如此，新用户可以简单地将其理解为对数据集 DT 进行子集筛选，先行后列分别进行设置。

已经对 tidyverse 包有一定了解的读者可以将该句式理解为：

```
    > DT %>%
filter(i) %>%       #按照i中所设置的规则筛选数据的行
select(j) %>%       #按照j中所设置的规则选择数据的列
group_by(by)        #按照by中的要求对选择后的子集进行分组
```

小提示

使用井号“#”对每一行代码进行标注，不仅可以使分析代码变得容易（其他用户可以通过阅读标注理解代码作者的数据处理思路），而且对代码作者本人在未来查看并理解自己的代码也同样有很大帮助。

熟悉结构化查询语言（Structured Query Language，SQL）的用户可以更加直白地将其理解为：从 DT 数据集中选择 i 行和 j 列的数据，按照 by 的分组标准对选择后的数据集进行处理和运算（这一步将通过对 j 列的函数运算来实现，具体内容请参见本节代码演示部分）。

对 data.table 格式的数据集筛选与 data.frame 格式非常相似。在一个传统的数据框格式数据中，选取子集的最简单最直接的办法是 df[i, j]。其中 df 为 data.frame 的缩写，i 代表行，j 代表列。区别在于 data.frame 格式中对行和列的规则局限于其数字位置，而 data.table 格式的设置规则要灵活得多。

这里使用 R 中自带的一个数据集 mtcars 来演示 data.table 包代码的基本使用方法。该数据集是从 1974 年美国的一本关于汽车的杂志中提取的数据，主要是对 32 款车型 10 个方面的数据进行了整理。例如，气缸数量（cyl）、马力（hp），等等。读者可以使用 str 或其他已经熟悉了的函数来大致浏览该数据集。下面的代码含义为将 mtcars 数据集转置成 data.table 格式，然后调用 unique 函数来查看所有车型的名称。实现代码具体如下：

```
    > DT <- data.table(mtcars,keep.rownames = TRUE)
    > unique(DT$rn)
    ##  [1] "Mazda RX4"           "Mazda RX4 Wag"       "Datsun 710"
##  [4] "Hornet 4 Drive"      "Hornet Sportabout"   "Valiant"
##  [7] "Duster 360"          "Merc 240D"           "Merc 230"
## [10] "Merc 280"            "Merc 280C"           "Merc 450SE"
## [13] "Merc 450SL"          "Merc 450SLC"         "Cadillac Fleetwood"
## [16] "Lincoln Continental" "Chrysler Imperial"   "Fiat 128"
## [19] "Honda Civic"         "Toyota Corolla"      "Toyota Corona"
```

```
## [22] "Dodge Challenger"    "AMC Javelin"        "Camaro Z28"
## [25] "Pontiac Firebird"    "Fiat X1-9"          "Porsche 914-2"
## [28] "Lotus Europa"        "Ford Pantera L"     "Ferrari Dino"
## [31] "Maserati Bora"       "Volvo 142E"
```

当用户仅对其中一款车型感兴趣时，data.table 的实现方式具体如下：

```
> DT[rn == "Datsun 710"]
##            rn  mpg cyl disp hp drat   wt  qsec vs am gear carb
## 1: Datsun 710 22.8   4  108 93 3.85 2.32 18.61  1  1    4    1
```

如果希望了解哪一款车型比较耗油（mpg——每加仑汽油可以运行的英里数，越小越耗油），并且有 6 个气缸（cyl），则可使用如下命令：

```
> DT[mpg < 18 & cyl == 6]
##           rn  mpg cyl  disp  hp drat   wt qsec vs am gear carb
## 1: Merc 280C 17.8   6 167.6 123 3.92 3.44 18.9  1  0    4    4
```

哪些车型拥有五个档位（gear）或者油耗比等于 21 呢？可使用如下命令：

```
> DT[gear == 5 | mpg == 21]
##                rn  mpg cyl  disp  hp drat    wt  qsec vs am gear carb
## 1:      Mazda RX4 21.0   6 160.0 110 3.90 2.620 16.46  0  1    4    4
## 2:  Mazda RX4 Wag 21.0   6 160.0 110 3.90 2.875 17.02  0  1    4    4
## 3:  Porsche 914-2 26.0   4 120.3  91 4.43 2.140 16.70  0  1    5    2
## 4:   Lotus Europa 30.4   4  95.1 113 3.77 1.513 16.90  1  1    5    2
## 5: Ford Pantera L 15.8   8 351.0 264 4.22 3.170 14.50  0  1    5    4
## 6:   Ferrari Dino 19.7   6 145.0 175 3.62 2.770 15.50  0  1    5    6
## 7:  Maserati Bora 15.0   8 301.0 335 3.54 3.570 14.60  0  1    5    8
```

以上 3 行简单的代码通过对逻辑符号和随机条件的组合，对我们可能感兴趣的部分数据进行了筛选。这一特性在 data.frame 格式的数据集中是无法实现的，感兴趣的读者可以自行试验一番以加深理解。通常，当用户对 data.frame 格式的数据集执行数据行筛选时（df[具体行的数字，]），其行值后面的逗号是不能省略的。而这一点在 data.table 格式中则相反。当用户对列进行选取时，选取的列之前需要有逗号。下面的代码演示了如何选取 DT 中的 3 列，为节省篇幅调用 head 函数时仅显示 6 行数据：

```
> DT[,.(rn,mpg,cyl)] %>%
head()
##                   rn  mpg cyl
## 1:         Mazda RX4 21.0   6
```

```
## 2:     Mazda RX4 Wag 21.0   6
## 3:        Datsun 710 22.8   4
## 4:    Hornet 4 Drive 21.4   6
## 5: Hornet Sportabout 18.7   8
## 6:           Valiant 18.1   6
```

行和列配合在一起进行设置的用法如下：

```
> models <- c("Merc 240D","Merc 230","Merc 280")
> DT[rn %in% models, .(rn,mpg,cyl,hp,gear)]
##            rn  mpg cyl  hp gear
## 1: Merc 240D 24.4   4  62    4
## 2:  Merc 230 22.8   4  95    4
## 3:  Merc 280 19.2   6 123    4
```

首先，上述示例代码中指定了 3 种车型，以字符串向量的格式保存为 models。然后，使用符号“%in%”来筛选所有 rn 列中含有 models 中所列 3 种车型的行，并且仅选择 rn、mpg、cyl、hp、gear 这 5 列数据。

句式中的第 3 个要素 by 是为数据分组计算而生的。下面的 3 行代码中，使用了相同的分组依据——cyl（气缸数），然后对 3 个不同的列分别进行油耗比平均值、最大车重和最大马力的计算。然后对计算后的数据集按照气缸数量由小到大进行排序，这里用到的 order 函数是 baseR 中自带的基本函数之一。baseR 包中的所有函数与 data.table 格式完全兼容，因此用户只需装载 data.table 包一次即可完成所有的数据处理和计算。代码中采取了两个连续的中括号来对数据进行连续处理，这与 magrittr 包中的管道函数（%>%）功能一致，同为将上一步中的 R 对象传递给下一步的函数进行处理。在 data.table 包中，该功能的专有名词为 chain。示例代码具体如下：

```
> DT[, .(mpg_mean = mean(mpg)), by = cyl][order(cyl)]
##    cyl mpg_mean
## 1:   4 26.66364
## 2:   6 19.74286
## 3:   8 15.10000
> DT[, .(wt_max = max(wt)), by = cyl][order(cyl)]
##    cyl wt_max
## 1:   4  3.190
## 2:   6  3.460
## 3:   8  5.424
> DT[, .(hp_max = max(hp)), by = cyl][order(cyl)]
##    cyl hp_max
## 1:   4    113
```

```
## 2:   6   175
## 3:   8   335
```

通过 3 行简单的代码计算，用户可以清楚地了解到，拥有 4 个气缸的汽车平均油耗比（每加仑约 3.7854L）汽油可以行驶约 26.6 英里（约 42.81km））要远远好于拥有 8 个气缸的汽车（仅能行驶 15.1 英里（约 24.3km））。而随着汽缸数量的增加，最大车重也会相应增加，这一点比较符合预期。拥有 8 个气缸的汽车在最大马力上大约是 4 缸汽车的 3 倍。

当用户熟悉了 data.table 的基本句式之后，寥寥几行代码就可以帮助用户大致了解一个数据集的初步分析结果，为后续确定具体的分析方向奠定基础。

6.2.3 “:=”——急速修改数值

冒号后跟一个等号（:=）是 data.table 包中的核心函数之一。“ :=”类似于 dplyr 包中的 mutate 函数，区别仅在于“ :=”能够更加快速的增加、移除或者更新一列或若干列中的部分或全部数值。“ :=”速度上的优势源自于 data.table 格式最初的设计理念，使用参照系统（reference）来对数据进行处理和计算。简单来讲，传统的 data.frame 格式数据集在每一次运算时都需要将自身的内容全部复制一次，这样的方式会导致同一数据集在进行不同的计算后，被复制很多次，从而对存储空间的占用越来越多，各种函数的运行速度也会随着内存资源的减少而变得缓慢。而 data.table 格式的数据集在运算时默认不会对自身进行复制，参照系统可以按照用户的代码，对指定部分进行运算。这样的特性也是 data.table 可以在短时间内处理百万行级数据集的原因之一。

在 data.table 的基本句式中，“ :=”仅能在中间部分使用，也就是列（j）设置部分。该函数具有两种设置方式，具体说明如下。

1）LHS := RHS 形式。LHS 代表 left hand side，即左手侧；RHS 代表 right hand side，即右手侧。LHS 通常为一个或多个代表列名的字符串向量，也可以是各个列的数字位置。如果使用的字符串向量不在已有的列名中，那么函数会新增一列，并将 RHS 中的内容赋值到新列中。如果用户希望删除某一列或若干列，则将 RHS 一侧设置为 NULL 即可。

2）函数功能形式。将函数放入单引号后（':='）置于句式中部的起始位置，并将后续的设置放入圆括号内，详细介绍请参见代码演示部分。

为方便显示结果，代码演示中的第一步先由数据集 DT 中筛选出一个小数据集保存为 DT_small。这里的筛选方式采取了与选取 data.frame 子集同样的方式，使用数字指定选取的区域：第 1 行到 3 行，第 1 列到第 5 列。示例代码如下：

```
> DT_small <- DT[1:3,1:5]
```

对 DT_small 数据集进行新增列的处理可以通过如下代码实现。函数左侧设置新增列名，右侧设置新增列的值。代码中的第二个中括号代表 print 函数，因为 data.table 格式在完成数据处理后并不会将结果显示在 console 中，所以这里增加一个中括号来检视处理结果。示例代码具体如下：

```
> DT_small[, new_col:= "value"][]
##                 rn  mpg cyl disp  hp new_col
## 1:     Mazda RX4 21.0   6  160 110   value
## 2: Mazda RX4 Wag 21.0   6  160 110   value
## 3:    Datsun 710 22.8   4  108  93   value
```

新增列的操作只能通过设置新列名来实现。如若用户试图使用新增数字位置的办法来新增一列，则会报错如下：

```
> DT_small[, ncol(DT_small)+1 := "value"][]
## Error in '[.data.table'(DT_small, , ':='(ncol(DT_small) + 1, "value")):
    LHS of := appears to be column positions but are outside [1,ncol]
    range. New columns can only be added by name.
```

当“:=”函数的 RHS 仅有一个值时，该值会被循环使用到整列中。一般来说，实际应用中新增列的各个值并不相同，这时 RHS 的设置就需要用户根据实际情况进行相应的设置。下面的代码仅假定一种最简单的情况来演示 RHS 设置的一种可能性。假定需要为 DT_small 新增一列标号（星号后面的数字 1～3 并不存在于 DT_small 中），一种设置方式为调用 nrow 函数。该行代码中的 nrow 会优先检测 DT_small 中的行数，返回其行数值（3）后，规则 1:3 会生成 1 到 3 这 3 个数值，最后被赋值到新列 new_col_2 中。实现代码具体如下：

```
> DT_small[, new_col_2:= 1:nrow(DT_small)][]
##                 rn  mpg cyl disp  hp new_col new_col_2
## 1:     Mazda RX4 21.0   6  160 110   value         1
## 2: Mazda RX4 Wag 21.0   6  160 110   value         2
## 3:    Datsun 710 22.8   4  108  93   value         3
```

当用户不想再看到某一列或若干列时，可以通过在 LHS 设置列名或指定其数字位置，并设置 RHS 为 NULL，此时指定列被移除。示例代码具体如下：

```
> DT_small[, new_col:= NULL][]
##                rn  mpg cyl disp  hp new_col_2
## 1:     Mazda RX4 21.0   6  160 110         1
## 2: Mazda RX4 Wag 21.0   6  160 110         2
## 3:    Datsun 710 22.8   4  108  93         3
```

按条件更新指定位置的数值在实际应用中的可能性较多，以下 2 行代码使用最基本的条件设置，来展示一种应用方式。首先，通过对 i 部分的设置，用户可以仅对符合条件设置的列进行后续处理，这里的设置为仅选取 rn 列中数值为 "Datsun 710" 的这一行数据。然后在 j 部分的设置中，使用“:=”将 cyl 列中的数值更改为 0。

在第 2 行代码中，i 部分的筛选条件被更改为，选取列名为 mpg 这一列中所有大于 21 的行，之后新增一列 calculate，其中数值为四舍五入后的 mpg 数值（通过 round 函数实现）。实现代码具体如下：

```
> DT_small[rn == "Datsun 710", cyl := 0][]
##                rn  mpg cyl disp  hp new_col_2
## 1:     Mazda RX4 21.0   6  160 110         1
## 2: Mazda RX4 Wag 21.0   6  160 110         2
## 3:    Datsun 710 22.8   0  108  93         3
> DT_small[mpg > 21, calculate := round(mpg,digits = 0)][]
##                rn  mpg cyl disp  hp new_col_2 calculte
## 1:     Mazda RX4 21.0   6  160 110         1       NA
## 2: Mazda RX4 Wag 21.0   6  160 110         2       NA
## 3:    Datsun 710 22.8   0  108  93         3       23
```

第二种设置“:=”函数的方式为将其置于 j 部分的最前端，也就是逗号之后的位置，并置于单引号内，所有有关列的运算操作均置于其后的括号内。这样的设置方式有点类似于 dplyr 包中的 mutate 函数设置格式，结构更加清晰，并且可以同时对多个列进行不同的运算处理。具体来说，这一行代码不但完成了新增一列的要求，并且还对满足筛选条件的行数据中的 cyl 列进行了数值替换。示例代码如下所示：

```
> DT_small[mpg > 21, ':='(calculte = round(mpg,digits = 0),
                          cyl = 4)][]
##                rn  mpg cyl disp  hp new_col_2 calculte
## 1:     Mazda RX4 21.0   6  160 110         1       NA
## 2: Mazda RX4 Wag 21.0   6  160 110         2       NA
## 3:    Datsun 710 22.8   4  108  93         3       23
```

对 data.table 中间的 j 部分设置有无限种可能，尤其是将“:=”函数与诸多 baseR 中的函数结合起来使用时，6.3 节会简要讨论一些设置的可能性，更多的变化还需要用户自行探索。

6.2.4　fwrite——速写，数据输出

通常而言，商业化的数据分析过程会通过团队合作来完成一整个项目，团队成员根据自身情况可能会专人专项仅负责整个流程中的一部分。这种情况下，中间数据的输出将是不可避免的。速写函数 fwrite 的优势在进行数据输出和后续的多平台分享时体现得淋漓尽致。

速写函数 fwrite 是 write.csv 的并行计算版。相较于 write.csv 等其他数据输出函数，fwrite 的最大特点是可以同时调用 CPU 中的全部核心，可以最大限度提高数据输出的速度。除了速度优势之外，速写函数在设计之初就考虑到了多平台之间数据分享的问题。具体来说，在 Windows 系统中，换行符通常为“\r\n”，而其他系统中则可能会采用“\n”。换行符的差异，可能会导致下一分析流程因数据排版格式上的细微区别而无法进行。

表 6-2 中列出了 fwrite 函数的全部参数设置及相应的解释。读者可以参考表 6-2 来对参数进行适当的设置。

表 6-2　fwrite 函数参数一览及中文释义

参数名称	功能描述
x	R 对象。用户希望输出的数据集
file	输出文件的路径和名字，如果设置为空“”，则结果会输出到 console 中
append	是否启动添加模式。如果设置为真，则在每一次运行相同路径和文件名时，将数据按照相同的列名添加到已存在的数据之后，而不会重写已存在的数据；设置为假时，则在每次运行后都覆写之前的数据
quote	对数值的引号设置，共包括三种模式，具体如下。 1. 默认模式为“auto”，即自动。默认设置会将数据集中可能导致“.csv”文件排版失败的数值置于双引号内，比如某一列中含有两个数值并且以逗号进行分隔 2. 为真，则无论何时所有非数字型列内的值都会被置于双引号内 3. 为假，不会用双引号引用任何类型的值，可能会导致“.csv”格式错乱
sep	不同列之间的分隔符，默认为逗号

（续）

参数名称	功能描述
sep2	当数据集中包含属性为列表的列时，该参数可用来帮助对列表列内部不同原子向量之间的分隔符进行设置。其默认设置为一个含有三个符号的向量 c("","|",""），分别代表两个原子向量的起始（空）、中间（|）和结尾（空）三个部分的分隔符。简单来说，假如一个列表型列中存在两个原子向量，则该列在输出为平面文档时会以“|”来分隔这一列中的两个值。默认的“|”设置是为了明显地区别于参数 seq 中的逗号。用户当然也可以指定其他类型的分隔符；详见代码演示
eol	行分隔符，默认为 Windows 系统的分隔符“\r\n”，可以更改为“\n”
na	对默认值的输出处理，默认为输出空白，用户可以自定义任何字符串
dec	小数点，通常不需要进行特殊设置
row.names	是否保存行名，这一参数主要是为了处理数据框（data.frame）格式的数据而设计的，因为 data.table 格式没有行名。而在 data.frame 格式中，如果不指定输出行名，则输出后的文档不包括行名
col.names	列名输出设置项。用户可以通过这一参数指定输出的列名。不过建议读者尽量避免使用此项参数，而是在处理数据时就设置好列名
qmethod	对存在于数值中的双引号进行处理的方式。其包含两种设置方式，“double”或者“escape”。通常不需要进行特殊设置，默认设置类似于 write.csv，使用双引号引用已存在的双引号可以避免输出不合标准的“.csv”
logicalAsInt	逻辑值（TRUE 和 FALSE）的输出设置。默认为假，则逻辑值以其本身的英文单词形式输出。如果设置为真，则会以 0 代表假，以 1 代表真进行输出
dateTimeAs	日期时间的输出设置。有四种设置方式可供选择，具体如下。 1）“ISO”，默认为国际标准，yyyy-mm-dd, HH:MM:SS 2）“squash”，yyyymmdd, HHMMSS 3）“eqoch”，绝对日期时间，从 1970-01-01, 00:00:00 算起的数字天数，此种设置方式可以完美地解决闰年里面存在 2 月 29 日的问题 4）"write.csv"，按照 write.csv 的方式输出日期时间值，不推荐此种设置方式
buffMB	对缓存大小的设置，默认是 8MB，可以设置为 1GB，一般情况下默认设置就已足够。如果包含了大量输出任务，则用户可根据硬件水平自行设置
nThread	使用核心的数量，默认设置为使用 CPU 内的全部核心
showProgress	进度条显示控制参数，用处不大，除非批量输出 GB 级别以上的数据，可以估算大致所需的时间。但是如果数据输出量达到 GB 级别以上，则建议读者考虑使用其他语言
verbose	处理时间反馈

当用户需要输出的数据中包含列表型的列时，参数 seq2 可以给予用户自定义分隔

符的权限。下面的代码将对 DT_small 数据集新建名为 list 的列表型列，每个元素内包含 3 个数值。调用 fwrite 函数将新的 DT_small 输出到 console 内进行检视。代码中对两个分隔符参数进行了设置，不同列之间使用“/”进行分隔（sep 参数），列表中的内容起始使用“{”，列表元素中各个值之间使用“,”进行分隔，结尾使用“}”。示例代码具体如下：

```
> fwrite(DT_small[,list:= list(1:3,LETTERS[1:3],c("a","b","c"))],sep = "/",
    sep2 = c("{",",","}"))
## rn/mpg/cyl/disp/hp/new_col_2/calculte/list
## Mazda RX4/21/6/160/110/1//{1,2,3}
## Mazda RX4 Wag/21/6/160/110/2//{A,B,C}
## Datsun 710/22.8/4/108/93/3/23/{a,b,c}
```

6.3 进阶应用

理解了 data.table 的基本句式和用法之后，一般的数据处理步骤（例如，按条件选择行、对指定列的选择和更新等），都能够轻松实现。但是理解和熟悉需要一个过程，这段过程中很多用户因为练习或处理所使用的数据集相对较小，加之 data.table 包中的句式或函数本身的信息量很少（例如，函数“:=”），往往会产生 data.table 包使用起来不如 tidyverse 系列上手的感觉。这是很正常的现象。其实，就上手难易程度而言，tidyverse 系列绝对是无可匹敌的一组工具包。作者所在的研究所中，使用 R 语言的 10 个研究员中，至少会有 8 个是 tidyverse 系列的忠实拥趸。但是随着用户处理的数据集渐渐多起来，单个数据集的大小越来越大时，继续使用 tidyverse 系列很有可能会频繁遇到内存不足，无法继续运算的警告信息。

为了避免等到某一天突然发现 tidyverse 系列无法再满足数据处理和运算需求时惊慌失措，这里建议读者在自己力所能及的范围内，尽可能地结合使用 tidyverse 系列和 data.table 包中的各个函数。这种方式不但可以帮助读者逐步熟悉各种函数的使用方法，而且还能够帮助用户慢慢建立起属于自己的一套函数体系。具体来讲，就是根据实际情况，在特定的数据处理步骤上使用特定的函数以最大化数据分析的效率。

其实，tidyverse 系列中的大部分常见函数的功能都可以在 data.table 包中找到更加高效的解决方案。下面的 6 个小节会介绍数据处理中最常见的 6 种操作，以帮助读者进一步了解 data.table 包中各种函数组合的可能性。

6.3.1 有条件的急速行筛选

6.2.2 节中简要介绍了如何设置 i 部分，来实现对行的条件过滤（与 dplyr 中的 filter 函数功能一致）。data.table 包中的 setkey 函数和三种特殊符号“.N”“.SD”和“.I”能够满足用户对不同筛选条件的需求。首先，将 data.frame 格式转换成 data.table 格式，并且保留行名。示例代码如下：

```
> DT <- data.table(mtcars,keep.rownames = TRUE)
```

函数 setkey 是“set*”函数家族中比较常用的一个，可以将其理解为句式 DT[列名 == 条件] 的函数功能版。使用方法为指定所需处理的数据集，然后设定需要进行数据筛选的列名，列名无须双引号引用，建议用户使用 Tab 键对列名进行设置。函数执行过后不会在 console 中返回任何值，但是若调用 str 函数对执行过 setkey 的数据集进行检视，则会发现数据集多了一个属性。另外一种检测函数是否设置成功的方法为使用 key 函数，函数可以只需要一个参数，即需要检测的数据集，若数据集中已设定好了列，则返回结果为该列名。

下面的代码中指定了列名 cyl 为筛选子集的条件列，然后在第二行代码中指定筛选条件为列 cyl 中等于 6 的行。返回的结果为 cyl==6 的全部数据。实现代码具体如下：

```
> setkey(DT, cyl)
> DT[.(6)]
##                rn  mpg cyl  disp  hp drat    wt  qsec vs am gear carb
## 1:      Mazda RX4 21.0   6 160.0 110 3.90 2.620 16.46  0  1    4    4
## 2:  Mazda RX4 Wag 21.0   6 160.0 110 3.90 2.875 17.02  0  1    4    4
## 3: Hornet 4 Drive 21.4   6 258.0 110 3.08 3.215 19.44  1  0    3    1
## 4:        Valiant 18.1   6 225.0 105 2.76 3.460 20.22  1  0    3    1
## 5:       Merc 280 19.2   6 167.6 123 3.92 3.440 18.30  1  0    4    4
## 6:      Merc 280C 17.8   6 167.6 123 3.92 3.440 18.90  1  0    4    4
## 7:   Ferrari Dino 19.7   6 145.0 175 3.62 2.770 15.50  0  1    5    6
```

setkey 函数的优势在于当需要筛选的变量过多时，其句式更加简单清晰，结构明了。函数的筛选列可以自由添加，示例代码如下所示：

```
> setkey(DT, cyl, carb)
> DT[.(4,2)]
##                rn  mpg cyl  disp  hp drat    wt  qsec vs am gear carb
## 1:     Merc 240D 24.4   4 146.7  62 3.69 3.190 20.00  1  0    4    2
## 2:      Merc 230 22.8   4 140.8  95 3.92 3.150 22.90  1  0    4    2
## 3:   Honda Civic 30.4   4  75.7  52 4.93 1.615 18.52  1  1    4    2
```

```
## 4: Porsche 914-2 26.0   4 120.3  91 4.43 2.140 16.70  0  1    5    2
## 5:  Lotus Europa 30.4   4  95.1 113 3.77 1.513 16.90  1  1    5    2
## 6:    Volvo 142E 21.4   4 121.0 109 4.11 2.780 18.60  1  1    4    2
```

当用户仅了解部分筛选条件时，配合正则表达式可以最大限度地保证数据处理的准确性。下面的代码中假设我们想了解关于 Toyota 车厂全部车型的数据，但不确定数据集中包含多少属于 Toyota 的车型。使用 grep 函数在 DT 的 rn 列中寻找所有带有 Toyota 字符串的行名，然后保存于 Toyota 向量中。下面按照前面的两个示例代码中的相同规律，进行子集筛选。实现代码具体如下：

```
> Toyota <- grep("Toyota.+",  DT$rn, value = T)
> setkey(DT,rn)
> DT[Toyota]
##                 rn  mpg cyl  disp hp drat    wt  qsec vs am gear carb
## 1: Toyota Corolla 33.9   4  71.1 65 4.22 1.835 19.90  1  1    4    1
## 2:  Toyota Corona 21.5   4 120.1 97 3.70 2.465 20.01  1  0    3    1
```

小提示

向量化的值不需要使用前缀和圆括号即可直接使用。

特殊符号“.N”与函数 nrow 的功能一致，区别在于“.N”无须指定任何参数。当用户将该符号至于 i 部分时，“.N”会自动返回该数据集的行数。比如，一个有 10 行观测值的数据集，对该数据集执行“.N”操作会返回整数 10。下面的代码中展示使用子集选取函数“[]”配合使用特殊符号“N”选择 DT 中的最后一行数据：

```
> DT[.N]
##             rn  mpg cyl disp  hp drat   wt qsec vs am gear carb
## 1: Volvo 142E 21.4   4  121 109 4.11 2.78 18.6  1  1    4    2
```

特殊符号“.SD”在配合不同句式时共有四种解释，具体如下。

1）仅在 j 部分单独使用时，特殊符号“SD”是一个包括全部列名的字符串向量。

2）配合分组参数 by 使用时，代表除分组指标以外每一组中列名的字符串向量。

3）配合参数“.SDcols”使用时，代表参数中所指定的列名的字符串向量。

4) 配合参数 by 和“.SDcols”使用时，代表除分组指标以外每一组中指定列名的的字符串向量。

假设用户需要提取分组后的数据集中第一行数据，则实现代码具体如下：

```
> DT[, .SD[1] , by =.(cyl)]
##     cyl            rn  mpg disp  hp drat    wt  qsec vs am gear carb
## 1:   8  AMC Javelin 15.2  304 150 3.15 3.435 17.30  0  0    3    2
## 2:   4   Datsun 710 22.8  108  93 3.85 2.320 18.61  1  1    4    1
## 3:   6 Ferrari Dino 19.7  145 175 3.62 2.770 15.50  0  1    5    6
```

如果需要提取每组中的最后一行数据，则实现代码具体如下：

```
> DT[, .SD[.N] , by =.(cyl)]
##     cyl                rn  mpg disp  hp drat    wt  qsec vs am gear
  carb
## 1:   8 Pontiac Firebird 19.2  400 175 3.08 3.845 17.05  0  0    3    2
## 2:   4       Volvo 142E 21.4  121 109 4.11 2.780 18.60  1  1    4    2
## 3:   6          Valiant 18.1  225 105 2.76 3.460 20.22  1  0    3    1
```

上述两行代码中都使用了特殊符号“.SD”配合中括号实现指定行的选择，也就是说用户可以运用“.SD”按照一种或多组分组方式，对分组后数据的任意一行或若干行进行子集选取。

特殊符号“.I”代表的是按照指定条件进行分组后，每一组中各个行的物理位置。在下面的代码中，DT 按照 cyl 进行了分组，若选取的是“.I”的第一个位置，则函数会返回一个新的 data.table，其 V1 列中包含了每一组中的第一行数据的物理位置。若选择“.I”的最后一个值（“.N”），则返回的是每一组中最后一行数据的物理位置。当用户需要保留数据集的整体性，同时又有运算需求时，“.I”可能会提供意想不到的解决方案。示例代码具体如下：

```
> DT[, .I[1], by=.(cyl)]
##     cyl V1
## 1:   8  1
## 2:   4  5
## 3:   6  8
> DT[, .I[.N], by=.(cyl)]
##     cyl V1
## 1:   8 27
## 2:   4 32
## 3:   6 31
```

随机抽样也是一种常见的选取子集的方法。下面两行代码在抽样函数 sample 中调用了不同的函数，但实现了相同的功能：

```
> DT[sample(nrow(DT), 3)]
##                rn  mpg cyl  disp  hp drat    wt  qsec vs am gear carb
## 1: Lotus Europa 30.4   4  95.1 113 3.77 1.513 16.90  1  1    5    2
## 2:    Mazda RX4 21.0   6 160.0 110 3.90 2.620 16.46  0  1    4    4
## 3:   Duster 360 14.3   8 360.0 245 3.21 3.570 15.84  0  0    3    4
> DT[sample(.N, 3)]
##                    rn  mpg cyl  disp  hp drat    wt  qsec vs am gear
  carb
## 1: Pontiac Firebird 19.2   8 400.0 175 3.08 3.845 17.05  0  0    3    2
## 2:   Toyota Corolla 33.9   4  71.1  65 4.22 1.835 19.90  1  1    4    1
## 3:       Camaro Z28 13.3   8 350.0 245 3.73 3.840 15.41  0  0    3    4
```

6.3.2 列选择的多种可能

类似于 dplyr 包中的 select 函数拥有很多小帮手，data.table 包在进行各种行、列数据的过滤选择时，也可以借助于向量化 R 对象配合一些基本函数来提高代码的效率和通用性，并降低出错的几率。

使用 data.table 格式必须要注意的一点是，对于 DT 函数的所有运算都会对该数据集本身进行更改，因此重复多次在同一 DT 上运行同一函数会导致代码报错或者得到错误的运算结果。由于 data.table 格式的这一特性，代码演示中重新创建了数据集 DT。第二行代码中调用 names 函数来检视列名，以确定需要选择的列。在对存在行名的 data.frame 格式数据集执行 data.table 函数之后，行名一列会被默认设置为 rn（rownames 的缩写）。实现代码具体如下：

```
> DT <- data.table(mtcars, keep.rownames = TRUE)
> names(DT)
## [1] "rn" "mpg" "cyl" "disp" "hp" "drat" "wt" "qsec" "vs" "am"
## [11] "gear" "carb"
```

小提示

如果用户需要进行探索性的练习，那么可以使用 copy 函数对 DT 直接进行复制。

该数据集中共包含 12 列，假定列“mpg”、“cyl”、“disp”、“wt”和“am”都是需要进行子集筛选的列，那么用户至少包含四种方式来实现列的选择。下列代码按照顺序可依次解释为如下内容。

1）创建子集 one，内容可通过在 j 部分指定具体列名进行选取。这种方式是使用 data.table 格式选择列的推荐方法，因为当用户配合 Tab 键来选择列名时，出错的概率会被降至最低。虽然这种方式最为稳妥，但当用户需要从成百上千个列中选择几十个列作为子集时，这种方式便显得笨拙而低效。另外需要用户注意的一点是，在进行 j 部分的设置时，句号和圆括号必须同时完整设置才可以成功运行。

2）创建子集 two，内容为通过在 j 部分指定具体列数字位置进行选择。该方式并不是列选择的首选，因为原数据集列位置稍有变化，即可导致代码崩溃。不过在用户所处理的数据集一致性很好，且有大量列需要选取的情况下，在指定位置进行选择可能会是更好的方式。

3）创建子集 three，内容为通过 j 部分的设置，并配合使用特殊符号“.SD”和参数“.SDcols”。“.SD”是 data.table 包中 5 种特殊符号（其他四种分别为“.BY”、“.N”、“.I”和“.GRP”）中使用频率较高的一种，SD 意为选择指定数据的子集（Subset of x's Data)，在不指定“.SDcols”时，“.SD”代表 data.table 内的所有列名，当指定 .SDcols 时，“.SD”则为指定列名。

4）将列名中的位置由 2 到 5 以及 7、10 的原子向量保存为一个字符串向量 theCols。这一步即为向量化 R 对象，这样做是为了最大化利用 R 的向量化运算特性。

5）创建子集 four，内容同为设置 j 部分，在预先指定的列名前使用前缀“..”。

6）最后 3 行代码对比 4 个子集，返回结果为 4 个子集是完全相同的，这也代表了 4 种选择方式都可以实现相同的列选择目标，读者可以根据实际情况自行选择合适的方法。

实现代码具体如下：

```
> one <- DT[,.(mpg,cyl,disp,hp,wt,am)]
> two <- DT[, c(2:5,7,10)]
> three <- DT[,.SD, .SDcols = theCols]
> theCols <- names(DT)[c(2:5,7,10)]
> four <- DT[,..theCols]
> identical(one, two)
## [1] TRUE
> identical(three, four)
## [1] TRUE
> identical(one, four)
## [1] TRUE
```

当用户处理的列数很多并且需要调整列的顺序时，setcolorder 函数能够方便地实现读功能。数据集 DT 中的列名为：

```
> names(DT)
## [1] "rn" "mpg" "cyl" "disp" "hp" "drat" "wt" "qsec" "vs" "am"
## [11] "gear" "carb"
```

假定需要按照字母顺序对列进行重新排序，DT 函数结合 names 和 order 这两个基本函数，具体实现方式如下：

```
> setcolorder(DT, order(names(DT)))
> head(DT, n = 1)
##    am carb cyl disp drat gear  hp  mpg  qsec           rn vs    wt
## 1:  1    4   6  160 3.90    4 110 21.0 16.46    Mazda RX4  0 2.620
```

假定需要将末尾列提至第一位，在列数未知的情况下，names 和 ncol 两个函数可以组合在一起实现该功能。组合函数 c 中的前半部分可用于提取末尾列的名称，后半部分则可去除末尾列后的其他列名，然后通过函数 c 组成一个新的字符串向量，对 DT 的列名进行重新排序。示例代码如下：

```
> setcolorder(DT, c(names(DT)[ncol(DT)],names(DT)[-ncol(DT)]))
> head(DT, n = 1)
##       wt am carb cyl disp drat gear  hp  mpg  qsec           rn vs
## 1: 2.620  1    4   6  160 3.90    4 110 21.0 16.46    Mazda RX4  0
```

对列进行子集选取是数据处理和分析过程中不可避免的一步，其实现方式多种多样，本节简要地介绍了一些可能性，读者可以参考这些可能性来设计属于自己的实现方式。

6.3.3 批量处理列及列的分裂与合并

对多个列同时进行相同或不同的运算同样是数据处理中最重要的一环。使用 data.table 包来实现的方式主要是对 j 部分进行设置，并配以基本的循环函数，比如 lapply。下面的代码再次将 mtcars 数据集重新定义为 data.table 格式的数据集 DT。调用 str 函数对第一到三列进行浏览，可以得知第二列和三列的数据类型为数字型。假定用户需要批量改变多个列的属性（例如，将数字型转换成字符型，或者进行反向操作，等等）实现代码具体如下：

```
> DT <- data.table(mtcars,keep.rownames = TRUE)
> str(DT[,1:3])
## Classes 'data.table' and 'data.frame':   32 obs. of  3 variables:
##  $ rn : chr  "Mazda RX4" "Mazda RX4 Wag" "Datsun 710" "Hornet 4 Drive"
##  $ mpg: num  21 21 22.8 21.4 18.7 18.1 14.3 24.4 22.8 19.2 ...
##  $ cyl: num  6 6 4 6 8 6 8 4 4 6 ...
##  - attr(*, ".internal.selfref")=<externalptr>
```

在j部分使用lapply配合特殊符号“.SD”即可轻松实现上述要求。6.3.1节中介绍了有关特殊符号“.SD”在不同情况下的理解方式，因为我们在这里未指定参数“.SDcols”，所以“.SD”是一个包括第一列到第三列列名的字符串向量。当lappy函数对这一字符串向量进行迭代时，“.SD”中的每一个数值都将作为DT列中的参照系，将as.character函数精确定位到列名指定的列进行属性转换，并且更新原有的DT。示例代码具体如下：

```
> str(DT[,1:3][, lapply(.SD, as.character)])
## Classes 'data.table' and 'data.frame':   32 obs. of  3 variables:
##  $ rn : chr  "Mazda RX4" "Mazda RX4 Wag" "Datsun 710" "Hornet 4 Drive"
##  $ mpg: chr  "21" "21" "22.8" "21.4" ...
##  $ cyl: chr  "6" "6" "4" "6" ...
##  - attr(*, ".internal.selfref")=<externalptr>
```

配合参数“.SDcols”使用时，可以使用物理位置或列名来指定任意列。当用户对一个DT中的列进行任何运算时，其实都是在更新原有的DT，上述示例代码中并没有使用更新函数“:=”，这是因为“.SD”默认为全部列名，所以整个DT[, 1:3]都被更新。但是当只对部分列进行运算时，则需要设置“:=”的LHS来明确更新指定列，而非对指定列进行运算后重新创建一个子集。设置LHS一侧时则需借助圆括号，否则函数会默认需要创建新列。示例代码具体如下：

```
> str(DT[,1:3][, (2:3) := lapply(.SD, as.factor), .SDcols = 2:3]) #
## Classes 'data.table' and 'data.frame':   32 obs. of  3 variables:
##  $ rn : chr  "Mazda RX4" "Mazda RX4 Wag" "Datsun 710" "Hornet 4 Drive"
##  $ mpg: Factor w/ 25 levels "10.4","13.3",..: 16 16 19 17 13 12 3 20 19
##  $ cyl: Factor w/ 3 levels "4","6","8": 2 2 1 2 3 2 3 1 1 2 ...
##  - attr(*, ".internal.selfref")=<externalptr>
> cols <- colnames(DT)[2:3]
> DT[,1:3][, (cols) := lapply(.SD, as.factor), .SDcols = cols]
```

有时用户需要将一列中的字符串或者一串数字拆分成一个或多个列，data.table的实现方式为在j部分使用更新函数“:=”及tstrsplit函数。这里所用到的核心函数tstrsplit源自于baseR中的strsplit函数，strsplit函数可以将R对象按照规则拆分成若干部分，并返回到一个列表型R对象。为了满足纵向布置的列，strsplit函数被加上了t来明确表示返回值由横向转变为纵向。函数tstrsplit中最重要的参数是split，代表的是以何种分隔符来对目标列进行拆分。下面的代码中采用了空格键，来对rn列进行拆分。根据初步的观察可以确定rn列至少包含了两个部分，车厂名字及汽车型号，因此需要在LHS设定两个新列名，分别为"Brand"和"Model"。实现代码具体如下：

```
> DT[1:3][, c("Brand","Model") := tstrsplit(rn, split = " ")][]
## Warning in '[.data.table'(DT[1:3], , ':='(c("Brand", "Model"),
## tstrsplit(rn, : Supplied 2 columns to be assigned a list (length 3) of
## values (1 unused)
##                rn  mpg cyl disp  hp drat    wt  qsec vs am gear carb  Brand
## 1:      Mazda RX4 21.0   6  160 110 3.90 2.620 16.46  0  1    4 4   Mazda
## 2: Mazda RX4 Wag 21.0   6  160 110 3.90 2.875 17.02  0  1    4 4   Mazda
## 3:     Datsun 710 22.8   4  108  93 3.85 2.320 18.61  1  1    4 1 Datsun
##    Model
## 1:   RX4
## 2:   RX4
## 3:   710
```

代码运行后会有警告信息指出，部分数值含有三个部分，但是仅有两列被指定，所以这里会自动丢弃多出的值。用户可以根据警告信息来重新定义 LHS，或者采取其他方式进行处理。推荐读者尝试理解报错或警告信息，他们的存在就是为了帮助用户提高 R 语言和数据处理的能力。

函数 tstrsplit 中另外一个比较实用的参数是 keep，用户可以按照拆分后新列的数量来设置该参数。具体来说，设置 keep=1 意为仅保留拆分后的第一个数值，将其指定为 2，并将新列内容全部设置为第二个数值。示例代码具体如下：

```
> DT[1:3][, c("Brand","Model") := tstrsplit(rn, split = " ", keep = 1)][]
##                rn  mpg cyl disp  hp drat   wt  qsec vs am gear carb  Brand
## 1:      Mazda RX4 21.0   6  160 110 3.90 2.620 16.46  0  1    4 4   Mazda
## 2: Mazda RX4 Wag 21.0   6  160 110 3.90 2.875 17.02  0  1    4 4   Mazda
## 3:     Datsun 710 22.8   4  108  93 3.85 2.320 18.61  1  1    4 1 Datsun
##      Model
## 1:  Mazda
## 2:  Mazda
## 3: Datsun
```

当用户需要按照特定标准来对原始数据集进行分类时，可以借用判别函数 ifelse 来实现快速准确的分类。下面的示例代码借助两层 ifelse 按照马力（hp）的不同，对不同的汽车归进行了归类。马力大于 240 的汽车归为 A 类，小于 150 的归为 C 类，介于中间的归为 B 类。当分类指标不多于 3 个时，推荐用户使用 ifelse。当指标多于 3 个时，ifelse 的多层嵌套很容易出错，并且不便理解。可以参考 7.5 节中介绍的函数 case.when 来处理多个指标的情况。示例代码具体如下：

```
> DT[1:3][, category_1 := ifelse(hp > 240, "A", ifelse(hp > 150 & hp <=
    240, "B", "C"))][]
    ##                  rn  mpg cyl disp  hp drat    wt  qsec vs am gear carb
## 1:      Mazda RX4 21.0   6  160 110 3.90 2.620 16.46  0  1    4    4
## 2: Mazda RX4 Wag 21.0   6  160 110 3.90 2.875 17.02  0  1    4    4
## 3:     Datsun 710 22.8   4  108  93 3.85 2.320 18.61  1  1    4    1
##    category_1
## 1:          C
## 2:          C
## 3:          C
```

按照条件批量替换数据集中符合条件的全部内容，在处理默认值NA或空白值NULL时会显得很是实用。下面的代码简单地演示了如果任一列中的任意值等于0，则将0替换成“-”。同理，用户可以将条件设置为，如果任意值为NA或NULL，则将其替换成其他内容。只不过用户需要注意的是，检测NA和NULL的函数分别为is.na和is.null。示例代码具体如下：

```
> DT[1:3][, (colnames(DT)):= lapply(.SD, function(x){x = ifelse(x == 0,"--
    ", x)}),.SDcols = colnames(DT)][]
    ##                  rn  mpg cyl disp  hp drat    wt  qsec vs am gear carb
## 1:      Mazda RX4 21.0   6  160 110 3.90 2.620 16.46 --  1    4    4
## 2: Mazda RX4 Wag 21.0   6  160 110 3.90 2.875 17.02 --  1    4    4
## 3:     Datsun 710 22.8   4  108  93 3.85 2.320 18.61  1  1    4    1
```

6.3.4　合并数据集

在dplyr包中，作者将各种函数功能封装为简单的英语动词形式，让用户一目了然其功能，比如“*_join”家族中的各个函数，可以简单地完成不同数据集之间的整合。在data.table中，语法的设置还要更加简洁，但因为语法的信息量太少从而很容易对用户造成困扰。下面的代码从mtcars数据集中按照cyl分组后从每组中随机选择两行数据，再选择前5列，组成一个小样本DT_sampled。最后以这个小样本作为主数据集，来对不同数据集之间的整合进行演示。示例代码具体如下：

```
> set.seed(42)
> DT_sampled <- DT[, .SD[sample(.N, 2)], by = cyl][,1:5]
> DT_sampled
    ##    cyl                 rn  mpg  disp  hp
## 1:   6       Ferrari Dino 19.7 145.0 175
## 2:   6          Merc 280C 17.8 167.6 123
```

```
## 3:   4            Fiat 128 32.4  78.7  66
## 4:   4        Porsche 914-2 26.0 120.3  91
## 5:   8     Dodge Challenger 15.5 318.0 150
## 6:   8 Lincoln Continental 10.4 460.0 215
```

创建一个 index_1 数据集作为指标数据集，按照主观推测随机设定三种油耗评价，评价标准为假定气缸数量越多，耗油量越高。示例代码具体如下：

```
> index_1 <- data.table(value = unique(DT$cyl),
                index = c(letters[1:3]),
                comments = c("中等耗油","相对省油","油老虎"))
> index_1
##    value index comments
## 1:     6     a中等耗油
## 2:     4     b相对省油
## 3:     8     c   油老虎
```

现在的任务目标是将 index_1 中的评价指标整合到主数据集 DT_sampled 中，整合的指标列是 DT_sampled 中的 cyl 和 index_1 中的 value 列。实现代码具体如下：

```
> DT_sampled[index_1,on = c("cyl"="value")][]
##    cyl                  rn  mpg  disp  hp index comments
## 1:   6        Ferrari Dino 19.7 145.0 175     a中等耗油
## 2:   6           Merc 280C 17.8 167.6 123     a中等耗油
## 3:   4            Fiat 128 32.4  78.7  66     b相对省油
## 4:   4        Porsche 914-2 26.0 120.3  91     b相对省油
## 5:   8     Dodge Challenger 15.5 318.0 150     c   油老虎
## 6:   8 Lincoln Continental 10.4 460.0 215     c   油老虎
```

对参数 on 进行设置，可以简单快速地按照指定列对两个不同长度的数据集进行整合，并且指标列无须名称一致。推荐的整合方式为将行数多的作为主数据集置于前，指标小的数据集置于中括号内 i 的位置。当只有一个指标列且两个列名相同时，可以直接使用双引号进行设置。当拥有多个指标列时，c 函数可对其进行整合。

6.3.5 “长宽”数据置换

“长宽”数据转换操作在 data.table 中依靠 melt（宽转换成长）和 dcast（长转换成宽）函数来实现。这两个函数在 data.table 起初的几个版本中是需要通过调用 reshape2 包来完成操作的。目前的版本中作者对两个函数进行了优化，所以不再需要依靠 reshape2 包。函数 melt 最基本的设置方式如下所示：

```
> melt(DT_sampled, id.vars = "rn") %>%
str()
## Classes 'data.table' and 'data.frame':   66 obs. of  3 variables:
##  $ rn      : chr  "Ferrari Dino" "Merc 280C" "Fiat 128" "Porsche 914-2"
##  $ variable: Factor w/ 11 levels "cyl","mpg","disp",..: 1 1 1 1 1 1 2 2
##  $ value   : num  6 6 4 4 8 8 19.7 17.8 32.4 26 ...
##  - attr(*, ".internal.selfref")=<externalptr>
```

函数中的第一位参数为需要处理的数据集，第二位参数为指标列。指标列可以设置为一列或若干列，也可以留空。留空时，函数会将整个原数据集的列名作为指标列转置成一列，默认为“variable”，而原数据集中所有的数值都会被放置到第二列中，默认列名为“value”。上述示例代码中因为设置了指标列，所以转置后的数据集为3列。该函数中还有其他8个参数可供设置，常见的参数还有诸如是否去除转置后数据集中的默认值（na.rm），指定需要转置的列而非全部列（measure.vars）等。一般场景中的应用，melt函数的默认设置都可以应对，当有特殊情况时，用户则需要仔细调参以找到适合的设置方式。

与melt相反的函数为dcast，其最基本的设置方式如下所示：

```
> dcast(melt(DT_sampled, id.vars = "rn"),  rn ~ ...)
##                      rn cyl  mpg  disp  hp drat    wt  qsec vs am gear carb
## 1:     Dodge Challenger   8 15.5 318.0 150 2.76 3.520 16.87  0  0 3    2
## 2:         Ferrari Dino   6 19.7 145.0 175 3.62 2.770 15.50  0  1 5    6
## 3:             Fiat 128   4 32.4  78.7  66 4.08 2.200 19.47  1  1 4    1
## 4: Lincoln Continental   8 10.4 460.0 215 3.00 5.424 17.82  0  0 3    4
## 5:            Merc 280C   6 17.8 167.6 123 3.92 3.440 18.90  1  0 4    4
## 6:        Porsche 914-2   4 26.0 120.3  91 4.43 2.140 16.70  0  1 5    2
```

6.3.6 计算分析

所有的数据处理过程都是为了能够准确地进行数据计算。在data.table包中，汇总计算主要是通过对j部分的设置来实现的。不可否认的是，在处理中小型数据集的计算需求时，data.table并不是最优的选择。主要原因包含如下两点。

1）其功能函数过于简洁，对新用户来说需要一定的时间来掌握其运行机制，上手时间远多于dplyr包。

2）在没有对data.table格式的数据集进行硬性复制（使用copy函数对数据集进行复制）的情况下，多次运行计算函数会导致计算结果出错。这一点在用户进行探索性数据分析时，尤其令人沮丧。因为在探索性分析阶段，一般是需要进行不同的尝试以从不同的角度对数据集进行检验，只有这样才能够确定最好的入手角度进行深入分析。

鉴于以上两点，笔者并不推荐初级用户在数据计算部分使用 data.table 包对中小型数据集进行计算，而是使用 tidyverse 系列中的计算函数，详见第 3 章。假如读者有超过百万行以上的数据需要计算时，则强烈推荐用户使用 data.table 的计算功能。不过推荐的使用策略是，首先使用 6.2.2 节中介绍的子集选取方式，从大数据集中筛选出一个小数据集，利用 tidyverse 系列中的函数进行探索性计算，拟出计算步骤，并确定最终计算目标，然后再使用 data.table 包中的计算功能一次性实现计算要求。

下面的代码中，设计的初步计算目标为：每组的样本个数（N）和第二到五列的平均值。在 j 部分，使用 c 函数来将特殊符号“ .N”的内容和 lappy 运算后的结果结合在一起，形成一个带有分组列 cyl 的新数据集。同理，在第二行代码中，我们对第二列到倒数第二列的值按照 cyl 的分组标准计算了各个列的平均值。实现代码具体如下：

```
> DT[, c(.N, lapply(.SD, mean)), by= .(cyl), .SDcols = 2:5]
##     cyl  N      mpg cyl     disp        hp
## 1:   6  7 19.74286   6 183.3143 122.28571
## 2:   4 11 26.66364   4 105.1364  82.63636
## 3:   8 14 15.10000   8 353.1000 209.21429
> DT[, lapply(.SD,mean), by=.(cyl), .SDcols = 2:(ncol(DT)-1)]
##     cyl      mpg cyl     disp        hp     drat       wt     qsec
## 1:   6 19.74286   6 183.3143 122.28571 3.585714 3.117143 17.97714
## 2:   4 26.66364   4 105.1364  82.63636 4.070909 2.285727 19.13727
## 3:   8 15.10000   8 353.1000 209.21429 3.229286 3.999214 16.77214
##           vs        am     gear
## 1: 0.5714286 0.4285714 3.857143
## 2: 0.9090909 0.7272727 4.090909
## 3: 0.0000000 0.1428571 3.285714
```

同时对多个列进行多个计算目标的实现方式如下。代码中仍以 cyl 列为分组标准，指定都需要计算的两列为 mpg 和 hp，计算目标为平均值、中位数和最大值。所有的计算函数都需要被置于 list 函数内部才能生效，计算结果的名字以计算函数的先后顺序被默认设置为以 V 开头的列名，V1～V3 代表 mpg 列的计算结果，V4～V6 代表 hp 列的结果。之所以选择 sapply 函数来完成该运算，是因为当 sapply 函数的输入的元素长度一致时，sapply 函数会将运算结果输出为二维矩阵（matrix），相较于其他形式较容易理解。

```
> DT[, sapply(.SD, function(x) list(mean(x),
                                    median(x),
                                    max(x))), .SDcols = c("mpg","hp"), by=.(cyl)]
   ##    cyl       V1   V2   V3         V4    V5  V6
## 1:   6 19.74286 19.7 21.4 122.28571 110.0 175
## 2:   4 26.66364 26.0 33.9  82.63636  91.0 113
## 3:   8 15.10000 15.2 19.2 209.21429 192.5 335
```

每个 R 包都有其优点和不足之处，如何结合使用各种包而最大化数据分析的效率是初学者需要设立的第一个小目标。在练习和使用各个不同的 R 包的过程中，新手也会迅速成长为高手。

第二部分
Part 2
案 例 篇

第 7 章

数据科学从业者调查分析

Kaggle 社区是一个数据科学竞赛平台，所有人都可以发布关于数据分析的竞赛项目，感兴趣的用户可以通过完成特定的分析任务来争取高排位以赢得奖品。因为 Kaggle 中的大部分竞赛项目来自于数据领域的相关企业或研究机构，分析任务都很有挑战性和应用价值，加之奖金丰厚，所以该平台向来卧虎藏龙高手云集，是绝佳的数据分析试炼场。笔者从 Kaggle 上百个竞赛数据集当中精心挑选了 6 个实际案例，希望在简单易懂且具有教学意义的数据竞赛项目中，挖掘出适合分享给 R 语言初学者学习实践 R 语言的最佳案例。需要说明的是，笔者不会面面俱到地分析这些案例，而是仅对具有代表性的分析方法进行介绍。在下面的案例集中，笔者对 R 语言中的数据清洗、处理、可视化 R 包当中的常用函数的使用方法（readr、readxl、reshape2、stringr、dplyr、data.table、ggplot2）都进行了使用。基本上，读者在工作中经常用到的函数，在案例中都有概括。设置案例篇的目的是希望引导读者更好地实践 R 语言。

7.1 案例背景及变量介绍

Kaggle 网站主导了历史上首次关于数据行业的调查，其希望对数据科学和机器学习行业的现状能够有一个更加完善的认识。这份调查从 171 个国家和地区中收到了 16716 份有效回复。当从一个国家或地区收到的回复少于 50 份时，该组数据将被列为其他，从中笔者可以了解到海量的数据从业者的信息，像是哪些人在与数据打交道，在整个行业中高精尖的机器学习都被应用到了什么地方，还有新的数据科学家如何进入数据行业从业等。

1. 背景介绍

数据集是从数据竞赛平台 Kaggle 下载而来的，共包含两份：multipleChoiceResponses.csv 和 schema.csv。前者是需要进行数据清洗、处理，以及可视化展示的数据；后者需要对数据集中的每个字段进行解释说明，解释各个数据集的意义。

2. 变量介绍

数据集中一共包含 228 个变量，笔者选取了部分关键变量来进行数据处理及分析过程的演示。表 7-1 中展示的是 16 个关键变量的中文对照。

表 7-1　关键数据变量中英文参照

变量名称	变量含义
Age	受访者年龄
Country	国籍
CurrentJobTitleSelect	当前职称
MLToolNextYearFreeForm	下一年将学习的机器学习工具
MLMethodNextYearSelect	下一年将学习的机器学习方法
EmploymentStatus	就业情况
FormalEducation	教育背景
CoursePlatformSelect	课程平台
FirstTrainingSelect	以何种方式开始第一次数据科学训练
Tenure	写代码从事数据分析的年限
JobSatisfaction	现任职位的满意度
LanguageRecommendationSelect	首先推荐的编程语言
JobSkillImportanceR	R 在工作技能中的重要性
JobSkillImportancePython	Python 在工作技能中的重要性
JobSkillImportanceSQL	BigData 在工作技能中的重要性
JobSkillImportanceBigData	SQL 在工作技能中的重要性

7.2 简单数据清洗

在进行数据探索之前，笔者将首先加载需要用到的 R 包，具体代码如下：

```
> library(data.table)     # fread()
> library(tidyverse)      # ggplot()
```

接着，笔者将数据读取到 Rstudio 环境中。这里使用了 data.table 包中的 `fread` 函数读取数据。fread 函数是目前 R 中读取平面文档速度最快、功能最强的数据导入函数。需要注意的是，文件路径需要根据读者的个人设置来重新指定。读取完成后使用 dim 函数来快速检索数据集，str 函数也同样适用。示例代码具体如下：

```
> responses <- fread("./multipleChoiceResponses")
> dim(responses)
## [1] 15859   228
```

之所以使用 dim 函数，是因为数据集略大，即便显示部分也会占据很大篇幅。笔者仅对部分变量进行处理分析，下一步需要快速选择出相关的变量。这里可供读者选择的方式有很多种，比如 dplyr 包中的 select，data.table 包中设置位置 j（参见第 6 章的讲解）等。这里选择 data.table 包中的方式。提醒使用 Rstudio 的读者注意使用 Tab 键配合变量的选择，一般情况下，读者仅需要输入 1 到 2 个字母之后使用 Tab 键，Rstudio 便会给出选择清单。示例代码具体如下：

```
> responses <- responses[,.(Age,Country,CurrentJobTitleSelect,MLToolNextYearSe
    lect,MLMethodNextYearSelect,EmploymentStatus, FormalEducation,CoursePlatfo
    rmSelect,FirstTrainingSelect,Tenure,JobSatisfaction,LanguageRecommendation
    Select,JobSkillImportanceR,JobSkillImportancePython,JobSkillImportanceSQL,
    JobSkillImportanceBigData)]
> dim(responses)
## [1] 15859    16
```

通过初步的列筛选，笔者保留了表 7-1 中列出的 16 个变量。

这里的清洗只是一部分，下面笔者还会展示更多对数据进行清洗处理和重塑的过程。

首先查看受访者的年龄。从数据框中选取 Age 列，然后通过管道函数（%>%）传递给 unique 函数去重并检视数值情况。喜欢尝试的读者，可以尝试使用 range、max 或 min 这类简单基础的函数进行基础的数据探索，以方便确定下一步的处理方向。示例代码具体如下：

```
  > responses$Age %>%
unique()
  ##[1] NA 30 28  56  46  35  22  43  33  20  27  26  54  58  24  39  49
##[18] 25 21 51  34  41  32  53  29  36  23  48  37  63  40  31  59  38
##[35] 44 47 19  50  68  16  42  60  18   0  62  57  72  13  55  52  17
##[52] 15 69 11  70  65  45  14  64  80   6  61  66 100   1  10  67  73
##[69] 71 74 75   3  77  76  79  99  12   4   2  94  83  78   9  82  98
```

在变量 Age 中，读者应该不难发现有些受访者的回答是不切实际或是带着玩笑成分的。默认值 NA 可以理解为不想要回答或是忘记回答。但是 0 岁或者 1 岁这样的年龄似乎有些不切实际。100 岁的老数据科学家并不是不可能，但读者需要小心这样的回答是否与该受访者的其他回答相符。具体来说，如果该百岁受访者的受雇情况为非退休（retired）状态，那读者就要三思了。

下面介绍几种可能性来对该情况进行清洗。读者可以使用 grep 函数配合正则表达式来确定具体年龄受访者的观测值位置，通过其在数据框中的具体位置来去除其所在的行。第二行代码中为 data.table 包方式，通过对 i 部分进行设置来筛选行观测值（详情请参见第 6 章）。笔者更青睐使用后者，不仅仅是因为其速度优势，更是因为 data.table 包对数据在 console 中展示部分的优化使得数据的检视变得更加清晰且容易。示例代码具体如下：

```
> responses$Age%>%
grep("^1$", x = .)
## [1]  2049  4814 14125 15793
> responses[Age!= 1][,1:2]
##          Age       Country
##     1:  30 United States
##     2:  28        Canada
##     3:  56 United States
##     4:  46        Brazil
##     5:  35 United States
##    ---
## 15533:  21     Indonesia
## 15534:  24         Other
## 15535:  25     Indonesia
## 15536:  16     Singapore
## 15537:  27         Japan
```

当然，读者可以选择保留全部数据，但是需要按照特定条件对其进行数值替换。这里用到了判别句式 ifelse，其使用方法如下：

ifelse（cond，statement1，statement2）

该函数是判别句式 if/else 的向量化版本，其中，若 cond（判别条件）成立（为真），则执行 statement1（结果 1），否则执行 statement2（结果 2）。下列第一行代码中的判别条件设置为 0～3 岁和 100 岁的受访者都是理论外的级别，为了不过度影响年龄分布情况，暂定为 7 岁。若在后续分析中发现将百岁受访者改为 7 岁神童与其他指标冲突，则读者重新设置这一项即可。

第二行代码用于检测除了默认值以外的观测值中，是否还存在过于离谱的年龄（Age）值。如果读者仍不满意结果，可继续进行进一步的清理，实现代码具体如下：

```
> responses$Age <- ifelse(responses$Age %in% c(0:3, 100), 7, res-
    ponses$Age)
> responses[!is.na(Age)]$Age%>%
unique()
## [1] 30 28 56 46 35 22 43 33 20 27 26 54 58 24 39 49 25 21 51 34 41 32 53
## [24] 29 36 23 48 37 63 40 31 59 38 44 47 19 50 68 16 42 60 18 7 62 57 72
## [47] 13 55 52 17 15 69 11 70 65 45 14 64 80 6 61 66 10 67 73 71 74 75 77
## [70] 76 79 99 12 4 94 83 78 9 82 98
```

7.3　数据科学从业者探索性数据分析

1. 构建探索数据源

任务目标：探索数据科学从业者的年龄中位数最大的十个国家。

执行方法：创建绘图所需的数据源（按照 Country 统计 Age 的中位数，并且根据 Age 的值进行降序排列）。实现代码具体如下：

```
> df_country_age <- responses %>%
group_by(Country) %>% # 按照Country进行统计
summarise(AgeMedian = median(Age, na.rm = T)) %>% # 统计Age的中位数
arrange(desc(AgeMedian)) # 按照Age进行降序排列
> df_country_age[1:10,]
## # A tibble: 10 x 2
##    Country     AgeMedian
##    <chr>           <dbl>
##  1 New Zealand        39
##  2 Spain              37
##  3 Ireland            35
##  4 Australia          34
##  5 Canada             34
##  6 Denmark            34
##  7 Israel             34
##  8 Italy              34
##  9 Netherlands        34
## 10 Norway             34
```

在可视化数据之前，对于渴望精简代码的读者而言，以下两行代码使用 data.table 包配合基础的正则表达式实现了 7.2 节中的数据读取和数据初步清理的任务。下面两行代

码的具体含义可解释如下。

1）读取原始数据。

2）对年龄求中间值。

3）按照年龄的中间值由大到小对国家名称进行排序。

实现代码具体如下：

```
> df_country_age <- responses[,.(AgeMedian  = median(Age, na.rm = TRUE)), by =
    .(Country)][order(AgeMedian,decreasing = TRUE)]
```

2. 构建可视化探索的绘图函数参数

可视化部分用到的 ggplot2 内容过于庞大，已经超出了本书讨论的范围，这里将需要用到的函数及其部分参数简要介绍如下。

1）reorder(Country, AgeMedian)：按照 AgeMedian 的升序排列与其对应的 Country。

2）head(df_country, 10)：选取数据源的前 10 行。

3）x 参数中传入图中的 x 轴所需的数据，y 参数与此同理。

4）geom_bar()：绘制条形图的子函数。

5）fill = Country：按照 Country 填充条形图颜色。

6）stat（统计转换）参数设置为“identity”，即对原始数据集不做任何统计变换。

7）geom_text()：添加文本注释的子函数。

a）label = AgeMedian：添加 AgeMedian 中的内容。

b）hjust：控制横向对齐（0 表示底部对齐，0.5 表示居中，1 表示顶部对齐）。

c）colour：控制注释颜色。

8）theme_minimal()：表示 ggplot 的一种主背景主题。

下面的示例代码演示的是各国家受访者年龄中位数的可视化探索，请读者参考上文的内容理解可视化部分函数的含义。第一组代码的原数据集中的观测值皆为英文，因此为了方便理解，笔者将排名靠前的 3 个国家翻译为中文。这里用到的是 mutate 配合 ifelse 来更新数值的方法（详见第 3 章）。第二组和第三组的代码分别对排名前三名和后三名的国家进行了可视化（如图 7-1 和图 7-2 所示），第三组代码中使用了 mutate 函数配合 case_when 来替换数值的方法。示例代码具体如下：

```
    > df_country_age <- df_country_age %>%
mutate(Country = ifelse(Country == "New Zealand", "新西兰", Country),
       Country = ifelse(Country == "Spain", "西班牙",
                        ifelse(Country == "Ireland", "爱尔兰", Country)))
```

```
> df_country_age %>%
head(3) %>%
ggplot(aes(x = reorder(Country, AgeMedian), y = AgeMedian,fill = Country)) +
geom_bar(stat = 'identity') +
labs(x = "", y = '年龄中位数') +
geom_text(aes(label = AgeMedian), hjust = 1.5, colour = 'white') +
coord_flip() +
theme_minimal() +
theme(legend.position = 'none') # 移除图例。
> df_country_age %>%
tail(3) %>%
  mutate(Country = case_when(Country == "Pakistan" ~ "巴基斯坦",
                             Country == "Indonesia" ~ "印度尼西亚",
                             Country == "Vietnam" ~ "越南")) %>%
ggplot(aes(x = reorder(Country, AgeMedian), y = AgeMedian,fill = Country)) +
geom_bar(stat = 'identity') +
labs(x = "", y = '年龄中位数') +
geom_text(aes(label = AgeMedian), hjust = 1.5, colour = 'white') +
coord_flip() +
theme_minimal() +
theme(legend.position = 'none')
```

代码可视化结果分别如图 7-1 和图 7-2 所示。

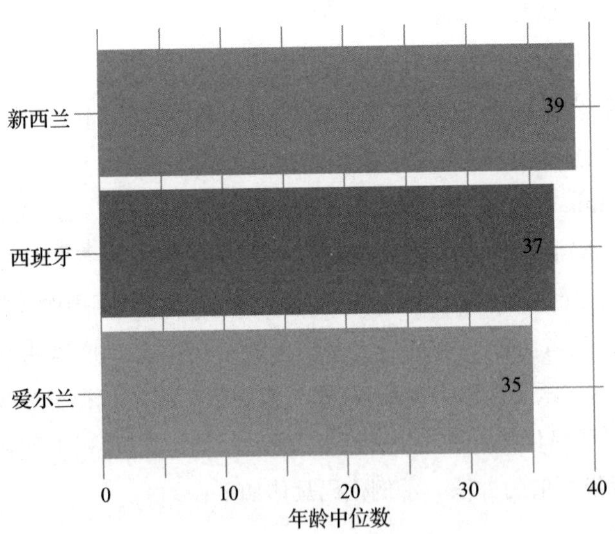

图 7-1 受访者年龄中位数排名前三的国家

对比图 7-1 和图 7-2，我们可以发现以下几点结论。

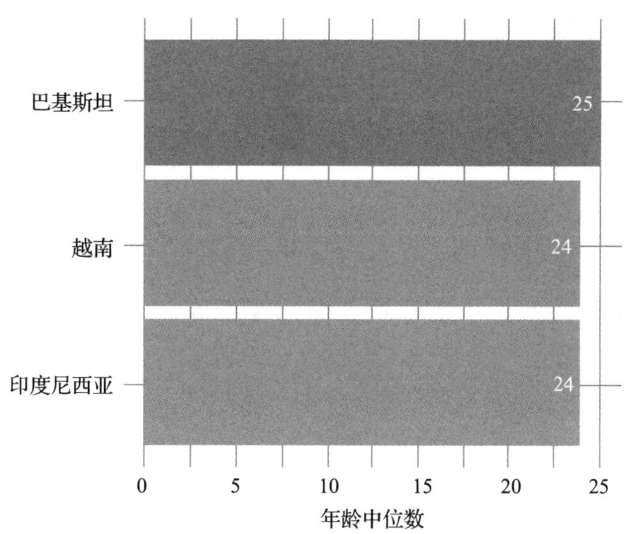

图 7-2　受访者年龄中位数排名后三位的国家

1）新西兰受访者年龄中位数最大，这在一定程度上可以反映新西兰的受访者年龄偏大，如果进行进一步的推断，并以人口学数据佐证的话，可以间接推断出新西兰人口老龄化程度可能偏高。

2）印度尼西亚的受访者年龄中位数最小，这在一定程度上反映出印度尼西亚的受访者年龄偏小。

3）偏激一些的推断结论也可以总结为，发达国家中受访者的年龄中位数普遍高于发展中国家受访者的年龄中位数，但也可能因为其他因素的干扰，比如受访者的人数、接触到 Kaggle 的难易程度等，导致该结论并不可靠。

7.4　封装绘图函数

笔者在工作中经常会遇见各种各样重复的数据或者分析需求，因此学会封装常用的分析代码，将它们封装成函数的形式可以大大减少工作耗时，提高工作效率。下面笔者以可视化的代码为例，展示函数封装的方法。示例代码具体如下：

```
    > fun1 <- function(data, xlab, ylab, xname, yname) {
ggplot(data, aes(xlab, ylab)) +
    geom_bar(aes(fill = xlab), stat = 'identity') +
    labs(x = xname, y = yname) +
    geom_text(aes(label = ylab), hjust = 1, colour = 'white') +
    coord_flip() +
```

```
        theme_minimal() +
        theme(legend.position = 'none')
}
```

函数封装好后，接下来将需要分析的数据代入函数当中即可，实现代码具体如下：

```
> data <- head(df_country_age, 10)
> xname <- 'Country'
> yname <- 'AgeMedian'
> fun1(data, reorder(data$Country, data$AgeMedian), data$AgeMedian, xname,
    yname)
```

上述代码的可视化结果如图 7-3 所示。

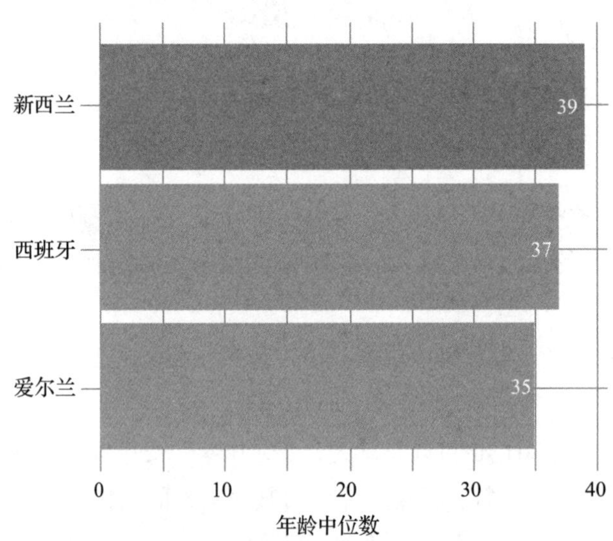

图 7-3　受访者年龄中位数排名前三的国家——使用封装函数绘图

7.5　通过柱状图进行探索性分析数据

1. 美国数据科学从业者的职位

任务目标：探索美国受访者排名前三的职位。

执行方法：创建绘图所需的数据源（按照 CurrentJobTitleSelect 统计其个数，并按照个数进行降序排列）。

筛选条件：CurrentJobTitleSelect 不为空且为美国 Kaggle 的观测。

下面的代码演示了具体的实施方法：

```
> df_CJT_USA <- responses %>%
```

```
filter(CurrentJobTitleSelect != '' & Country == 'United States') %>%
group_by(CurrentJobTitleSelect) %>%
summarise(Count = n()) %>%
arrange(desc(Count)) %>%
mutate(CurrentJobTitleSelect = case_when(CurrentJobTitleSelect == "Data Scien-
    tist" ~ "数据科学家",
CurrntJobTitleSelect == "Software Developer/Software Engineer" ~ "软件开发/
    工程师",
CurrentJobTitleSelect == "Other" ~ "其他"))
> data <- head(df_CJT_USA, 3)
> xname <- ''
> yname <- '受访者数量'
> fun1(data, reorder(data$CurrentJobTitleSelect, data$Count), data$Count,
    xname, yname)
```

可视化结果见图 7-4。

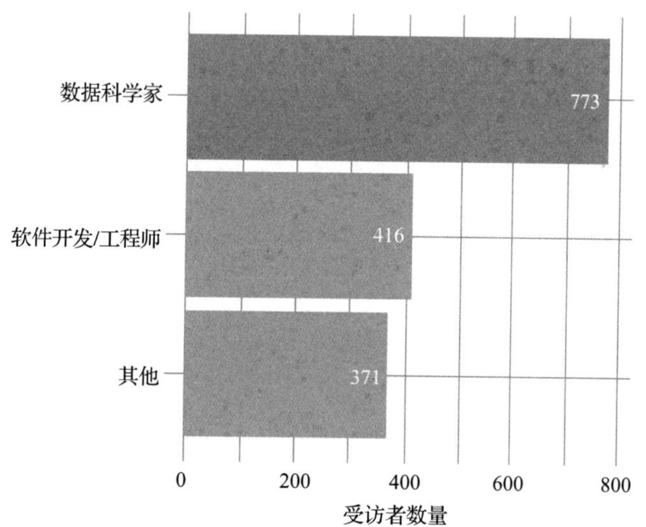

图 7-4　美国人数排名前三的受访者职位

2. 新西兰数据科学从业者的职位

将上节中相同的逻辑应用到其他国家，比如新西兰。代码实施如下，这里依然采用了 case_when 和 mutate 搭配使用来更改数值的方法：

```
> df_CJT_NZ <- responses %>%
```

```
filter(CurrentJobTitleSelect != '' & Country == 'New Zealand') %>%
group_by(CurrentJobTitleSelect) %>%
summarise(Count = n()) %>%
arrange(desc(Count)) %>%
mutate(CurrentJobTitleSelect = case_when(CurrentJobTitleSelect == "Data
    Scientist" ~ "数据科学家",
                                        CurrentJobTitleSelect == "Software
                                            Developer/Software Engineer" ~
                                            "软件开发/工程师",
                                        CurrentJobTitleSelect == "Other" ~ "
                                            其他"))
> data <- head(df_CJT_NZ, 3)
> xname <- ''
> yname <- '受访者数量'
> fun1(data, reorder(data$CurrentJobTitleSelect, data$Count), data$Count,
    xname, yname)
```

可视化结果见图 7-5。

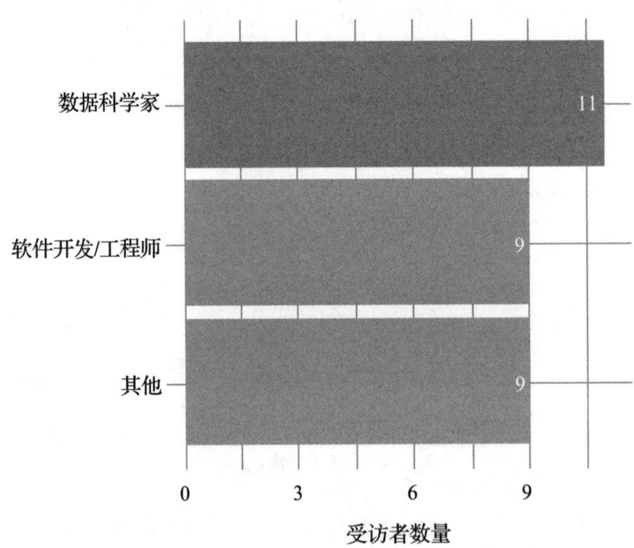

图 7-5 新西兰人数排名前三的受访者职位

对比图 7-4 和图 7-5，我们可以简要得出，美国和新西兰两国的受访者职位排名前三的同为数据科学家、软件开发 / 工程师和其他。不过值得注意的是，因为新西兰受访人数过少，该结果可能并不准确。

7.6 未来将会学习的机器学习工具

1. 美国

笔者演示如下示例代码的目的为：探索美国数据科学从业者未来将会学习的机器学习工具。具体的数据处理与分析逻辑同 7.5 节，区别仅在于将变量更改为 MLToolNextYearSelect。示例代码具体如下：

```
> df_MLT_USA <- responses %>% # 筛选出MLToolNextYearSelect不为空且为美国
                                              Kaggle的观测。
filter(MLToolNextYearSelect != '' & Country == 'United States') %>%
group_by(MLToolNextYearSelect) %>%
summarise(Count = n()) %>%
arrange(desc(Count))
> data <- head(df_MLT_USA, 3)
> xname <- '机器学习语言'
> yname <- '人数'
> fun1(data, reorder(data$MLToolNextYearSelect, data$Count), data$Count, xname,
    yname)
```

图 7-6 显示了可视化的结果。

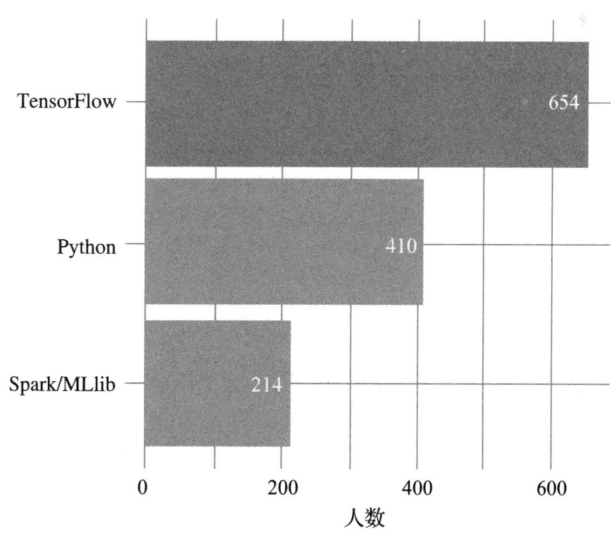

图 7-6　美国受访者中排名前三的机器学习工具

2. 新西兰

逻辑同上节美国的示例代码，具体代码演示如下：

```
>df_MLT_NZ <- responses %>% # 筛选出MLToolNextYearSelect不为空且为新西兰Kaggle
    的观测。
filter(MLToolNextYearSelect != '' & Country == 'New Zealand') %>%
group_by(MLToolNextYearSelect) %>%
summarise(Count = n()) %>%
arrange(desc(Count))
> data <- head(df_MLT_NZ, 3)
> xname <- '机器学习语言'
> yname <- '人数'
> fun1(data, reorder(data$MLToolNextYearSelect, data$Count), data$Count,
    xname, yname)
```

上述代码可视化结果如图 7-7 所示。

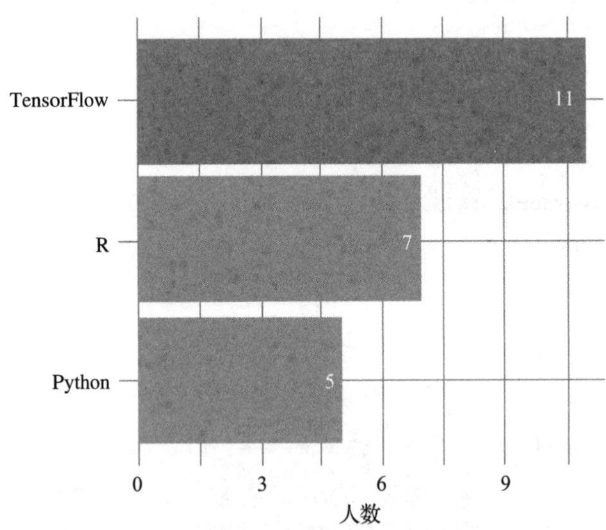

图 7-7　新西兰受访者中排名前三的机器学习工具

对比图 7-7 和图 7-8，我们可以得出如下两点结论。

1）美国受访者未来将会学习的最热门的工具是 TensorFlow、Python 和 Spark/Millib。

2）新西兰受访者希望学习的工具则为 TensorFlow、R 和 Python。笔者猜测之所以 R 会成为新西兰第二热门的工具，很大原因可能是因为 R 诞生于新西兰的奥克兰大学，相较于美国，R 在新西兰有比较良好的群众基础。

7.7　明年将学习的机器学习方法

1. 美国

依旧使用相同的逻辑结果，更改变量为 MLMethodNextYearSelect，之后统计其个数，按照其个数降序排列，筛选 MLMethodNextYearSelect 不为空且为美国 Kaggle 的观测值。实现代码具体如下：

```
> df_MLM_USA <- responses %>% # 筛选出MLMethodNextYearSelect不为空且为美国
    Kaggle的观测。
filter(MLMethodNextYearSelect != '' & Country == 'United States') %>%
group_by(MLMethodNextYearSelect) %>%
summarise(Count = n()) %>%
arrange(desc(Count)) %>%
mutate(MLMethodNextYearSelect = case_when(MLMethodNextYearSelect == "Deep
    learning" ~ "深度学习",
                                          MLMethodNextYearSelect == "Neural
                                              Nets" ~ "神经网络",
                                          MLMethodNextYearSelect == "Time Series
                                              Analysis" ~ "时间序列分析",
                                          MLMethodNextYearSelect == "Bayesian
                                              Methods" ~ "贝叶斯方法",
                                          MLMethodNextYearSelect == "Text
                                              Mining" ~ "文本挖掘"))
> data <- head(df_MLM_USA, 5)
> xname <- '机器学习方法'
> yname <- '人数'
> fun1(data, reorder(data$MLMethodNextYearSelect, data$Count), data$Count,
    xname, yname)
```

可视化结果见图 7-8。

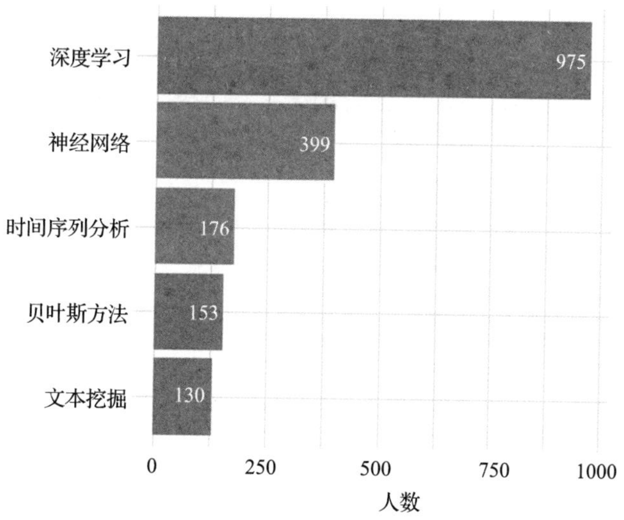

图 7-8　美国受访者中排名前五的机器学习方法

2. 新西兰

代码演示如下：

```
> df_MLM_NZ <- responses %>% # 筛选出MLMethodNextYearSelect不为空且为新西兰
    Kaggle的观测。
filter(MLMethodNextYearSelect != '' & Country == 'New Zealand') %>%
group_by(MLMethodNextYearSelect) %>%
summarise(Count = n()) %>%
arrange(desc(Count)) %>%
mutate(MLMethodNextYearSelect = case_when(MLMethodNextYearSelect == "Deep
    learning" ~ "深度学习",
                                          MLMethodNextYearSelect == "Neural
Nets" ~ "神经网络",
                                          MLMethodNextYearSelect == "Anomaly
Detection" ~ "异常检测",
                                          MLMethodNextYearSelect == "Genetic &
                                              Evolutionary Algorithms" ~ "遗传进
                                              化算法",
                                          MLMethodNextYearSelect == "Time Series
                                              Analysis" ~ "时间序列分析"))
> data <- head(df_MLM_NZ, 5)
> xname <- '机器学习方法'
> yname <- '人数'
> fun1(data, reorder(data$MLMethodNextYearSelect, data$Count), data$Count,
    xname, yname)
```

图 7-9 为新西兰受访者希望学习的机器学习方法。

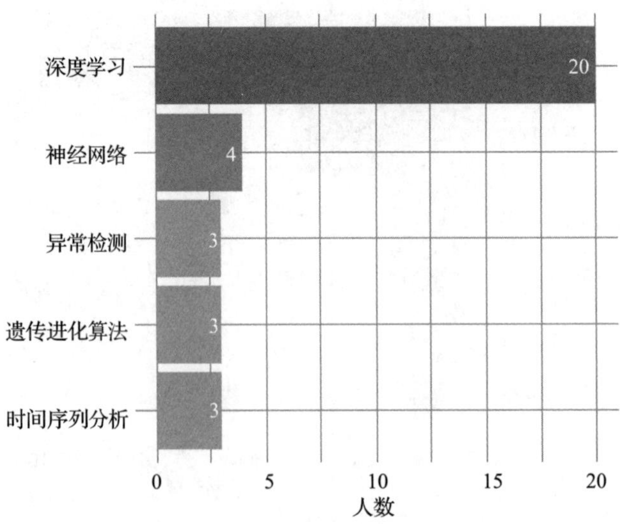

图 7-9 新西兰受访者中排名前五的机器学习方法

对比图 7-8 和图 7-9 两个可视化结果之后，我们可以总结出如下结论。

1）总体而言，两国最热门的机器学习方法同为深度学习。

2）神经网络和时间序列分析也同时排在热门机器学习方法的前五名。

3）略有不同的是美国受访者中对贝叶斯方法和文本挖掘更感兴趣，相较而言，新西兰受访者则更倾向于学习异常检测和有关遗传进化算法方面的知识。

案例演示的目的是想简单地展示数据分析的各个关键步骤，以帮助读者看清数据分析的整体流程和基本方法。

第 8 章

共享单车租用频次分析

8.1 案例简介

1. 背景介绍

从 2016 年开始，国内共享单车突然火爆了起来。在各大城市街道两边，仿佛一夜之间，共享单车已经到了“泛滥”的地步，各大城市路边摆满了各种颜色的共享单车。除了较早入局的摩拜单车、ofo 之外，整个 2016 年至少有 25 个新的共享单车品牌汹涌入局，其中甚至还包括电动自行车共享品牌。共享单车在国内成为流行的同时，美国的共享单车品牌也在拓展市场。Kaggle 中有一个关于共享单车的数据集，本章将要探索的是美国华盛顿共享单车的租赁量。

美国华盛顿共享单车租赁的数据集，变量较少且含义简单易懂，比较适合 R 语言初学者将其作为实践的探索数据。在数据分析师的日常工作中，有一个可用来总结出一种抽象的探索数据的对比细分趋势 6 字口诀是多年来数据科学界抽象出的分析探索数据的方法论。

2. 变量介绍

表 8-1 给出了该数据集中的变量名称及其中文释义。

表 8-1　美国华盛顿共享单车租赁数据集变量名称及中文释义

变量名称	变量含义
datetime	日期时间
season	季节
holiday	是否为假期

（续）

变量名称	变量含义
working day	是否为工作日
weather	天气
temp	温度
humidity	湿度
windspeed	风速
count	频次

在接下来的内容里，笔者会按照第 1 章到第 3 章中讨论的一般数据分析流程，分步骤地对数据的读取和清理进行实战演示，并借助可视化进行探索性数据分析，以此加深读者对于数据分析步骤流程的认识，强化对常用函数的熟悉程度，并初步了解可视化在探索性数据分析中的重要性。

8.2　数据准备及描述性统计分析

在进行数据分析之前，需要准备好数据清洗、时间格式、分析汇总、绘图等常用的程序包。然后针对不同文件类型使用不同的导入函数、再通过描述性统计函数查看数据的基本类型、查看各变量各类别的分布，再有的放矢地进行数据清洗和重塑等工作。

1. 导入分析所需的程序包

按照经典的导入方式，将所需的程序包导入工作环境，示例代码具体如下：

```
> library(Rmisc)              # multiplot()
> library(tidyverse)          # ggplot()
> library(lubridate)          # ymd_hms()
> library(data.table)
> library(corrplot)           # corrplot.mixed()
> options(scipen = 20)        # 避免绘图时使用科学计数法表示某个数值
```

导入数据，使用 data.table 包中的 fread 函数即可，简单且快速。实现代码如下：

```
> bike <- fread("./train.csv")
```

2. 查看数据集的基本结构

首先，根据 str 对导入的数据集结构的简单探索，笔者发现用于训练的数据有 10886 行、12 列，除了租用时间点是因子型数据之外，其他都是数值型。为了便于笔者后续的探索分析，笔者需要对 datetime 变量进行拆分重塑，对 weather/season 两个变量进行数据的重编码。实现代码具体如下：

```
> str(bike)
## Classes 'data.table' and 'data.frame':   10886 obs. of  12 variables:
## $ datetime   : chr  "2011/1/1 0:00" "2011/1/1 1:00" "2011/1/1 2:00"
 "2011/1/1 3:00" ...
## $ season     : int  1 1 1 1 1 1 1 1 1 1 ...
## $ holiday    : int  0 0 0 0 0 0 0 0 0 0 ...
## $ workingday: int  0 0 0 0 0 0 0 0 0 0 ...
## $ weather    : int  1 1 1 1 1 2 1 1 1 1 ...
## $ temp       : num  9.84 9.02 9.02 9.84 9.84 ...
## $ atemp      : num  14.4 13.6 13.6 14.4 14.4 ...
## $ humidity   : int  81 80 80 75 75 75 80 86 75 76 ...
## $ windspeed : num  0 0 0 0 0 ...
## $ casual     : int  3 8 5 3 0 0 2 1 1 8 ...
## $ registered: int  13 32 27 10 1 1 0 2 7 6 ...
## $ count      : int  16 40 32 13 1 1 2 3 8 14 ...
## - attr(*, ".internal.selfref")=<externalptr>
```

3. 各个变量的主要描述性统计量

summary 函数在进行数据的初步分析时非常有用，可以查看到各个变量的最小数、最大数、中位数和均值，以及第一分位数、第三分位数等。另外，从 summary() 中可以发现最少的租赁次数（count）是 1 次。对于变量的其他详细探索，笔者将在数据重塑和重编码之后再分别展开。初步分析的实现代码具体如下：

```
> summary(bike)
##     datetime              season          holiday           workingday
## Length:10886       Min.   :1.000   Min.   :0.00000   Min.   :0.0000
## Class :character   1st Qu.:2.000   1st Qu.:0.00000   1st Qu.:0.0000
## Mode  :character   Median :3.000   Median :0.00000   Median :1.0000
##                    Mean   :2.507   Mean   :0.02857   Mean   :0.6809
##                    3rd Qu.:4.000   3rd Qu.:0.00000   3rd Qu.:1.0000
##                    Max.   :4.000   Max.   :1.00000   Max.   :1.0000

##    weather           temp            atemp            humidity
## Min.   :1.000   Min.   : 0.82   Min.   : 0.76   Min.   :  0.00
## 1st Qu.:1.000   1st Qu.:13.94   1st Qu.:16.66   1st Qu.: 47.00
## Median :1.000   Median :20.50   Median :24.24   Median : 62.00
## Mean   :1.418   Mean   :20.23   Mean   :23.66   Mean   : 61.89
## 3rd Qu.:2.000   3rd Qu.:26.24   3rd Qu.:31.06   3rd Qu.: 77.00
## Max.   :4.000   Max.   :41.00   Max.   :45.45   Max.   :100.00
##    windspeed           casual          registered          count
```

```
##  Min.   : 0.000   Min.   :  0.00   Min.   :  0.0   Min.   :  1.0
##  1st Qu.: 7.002   1st Qu.:  4.00   1st Qu.: 36.0   1st Qu.: 42.0
##  Median :12.998   Median : 17.00   Median :118.0   Median :145.0
##  Mean   :12.799   Mean   : 36.02   Mean   :155.6   Mean   :191.6
##  3rd Qu.:16.998   3rd Qu.: 49.00   3rd Qu.:222.0   3rd Qu.:284.0
##  Max.   :56.997   Max.   :367.00   Max.   :886.0   Max.   :977.0
```

8.3 数据重塑

重编码变量，进而可以直观地观察描述性分析。重编码的实现代码具体如下：

```
> table(bike$season)            # 查看season的取值
##
##    1    2    3    4
## 2686 2733 2733 2734
> table(bike$weather)           # 查看weather的取值
##
##    1    2    3    4
## 7192 2834  859    1
```

修正 season 和 weather 这两个变量的取值，有利于对数据进行更为直观的可视化展示，修正取值的代码具体如下：

```
> bike$season <- factor(bike$season, labels = c("Spring", "Summer",
  "Fall", "Winter"))
> bike$weather <- factor(bike$weather, labels = c("Good", "Normal", "Bad",
  "Very Bad"))
> table(bike$season)
##
## Spring Summer   Fall Winter
##   2686   2733   2733   2734
> table(bike$weather)
##
##   Good   Normal       Bad Very Bad
##   7192     2834       859        1
```

lubridate 包中的 ymd_hms 可以将变量日期时间（datetime）转换为时间日期（POSIXct）对象，之后再使用 hour 函数将日期时间中的小时数提取出来，代码如下：

```
> bike$hour <- lubridate::hour(ymd_hm(bike$datetime))
```

剔除 casual 和 registered 两列。这种方法虽然简单快速，但并不是最可靠的数据筛选方式，因为当原始数据中不同列的位置稍有变动时，就有可能会造成数据筛选的错误。

在这里展示给处理，希望能够引起读者的注意，代码如下：

```
> bike <- bike[,-c(10, 11)]
> head(bike)
##        datetime season holiday workingday weather temp  atemp humidity
## 1: 2011/1/1 0:00 Spring       0          0    Good 9.84 14.395       81
## 2: 2011/1/1 1:00 Spring       0          0    Good 9.02 13.635       80
## 3: 2011/1/1 2:00 Spring       0          0    Good 9.02 13.635       80
## 4: 2011/1/1 3:00 Spring       0          0    Good 9.84 14.395       75
## 5: 2011/1/1 4:00 Spring       0          0    Good 9.84 14.395       75
## 6: 2011/1/1 5:00 Spring       0          0  Normal 9.84 12.880       75
##    windspeed count hour
## 1:    0.0000    16    0
## 2:    0.0000    40    1
## 3:    0.0000    32    2
## 4:    0.0000    13    3
## 5:    0.0000     1    4
## 6:    6.0032     1    5
```

根据展示出来的数据重塑后的前 6 行，读者应该能够了解上面重塑的作用了，这也便于笔者确定后续的数据分析方向。

8.4　柱状图在数据分析中的简单应用

在互联网行业中，数据分析师们分析数据的六字口诀为：对比、细分、趋势。对应到共享单车数据集，运用原理是一样的。不论是进行对比分析、细分分析还是趋势分析，借助可视化的手段，分析都会更为直观清晰，需要审视数据的决策者看图比看数字会更有效率。

例如，笔者想要分析一天 24 个小时的时间里，哪些时段处于单车租赁的高峰、哪些时段处于单车租赁的低谷。条形图具有对比分析的功能，下面笔者就运用绘制条形图的方法来对比分析 24 个时段的租赁情况（如图 8-1 所示）。代码运用了 dplyr 包的汇总分析函数和 ggplot2 包的绘图函数相结合的方法。实现代码具体如下：

```
> bike %>%
group_by(hour) %>%
summarise(mcount = mean(count)) %>%
ggplot(aes(x = hour, y = mcount, fill = hour)) +
geom_bar(stat = 'identity') +
guides(fill = 'none') +
theme_minimal()
```

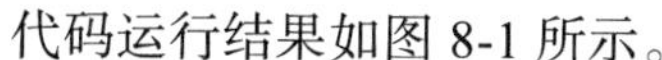

代码运行结果如图 8-1 所示。

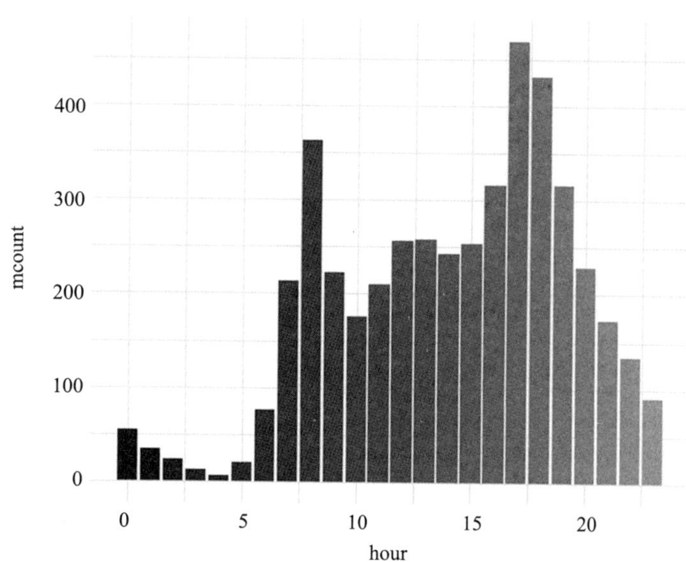

图 8-1　美国华盛顿共享单车 24 小时（x 轴）内租赁次数（y 轴）

根据图 8-1 所示的条形图，笔者可以清晰地看出一天内存在两个租车高峰期，分别是上午 8～9 点和下午 17～19 点，很明显两个时间段分别是上下班高峰期。从中我们可以得知上班族为共享单车行业贡献了多少力量！

下面的代码演示的目标为，探索假期和工作日时的平均租车频次。图 8-2 中分别将假期和工作日的数据以柱状图的形式按照平均租车频次进行展现，对比两者的平均租车频次，发现差距并不大。也就是说虽然假期和其他非工作日的样本相对较少一些，但是无论是假期，还是工作日，平均的租车频次几乎是稳定不变的。实现代码具体如下：

```
  > p8 <- bike %>%
group_by(holiday) %>%
summarise(mcount = mean(count)) %>%
ggplot(aes(x = factor(holiday), y = mcount, fill = factor(holiday))) +
geom_bar(stat = 'identity') +
guides(fill = 'none') +
labs(x = 'holiday') +
theme_minimal()
  > p9 <- bike %>%
group_by(workingday) %>%
summarise(mcount = mean(count)) %>%
```

```
ggplot(aes(x = factor(workingday), y = mcount, fill = factor(workingday))) +
geom_bar(stat = 'identity') +
guides(fill = 'none') +
labs(x = 'workingday') +
theme_minimal()
    > multiplot(p8, p9, cols = 2)
```

代码运行结果如图 8-2 所示。

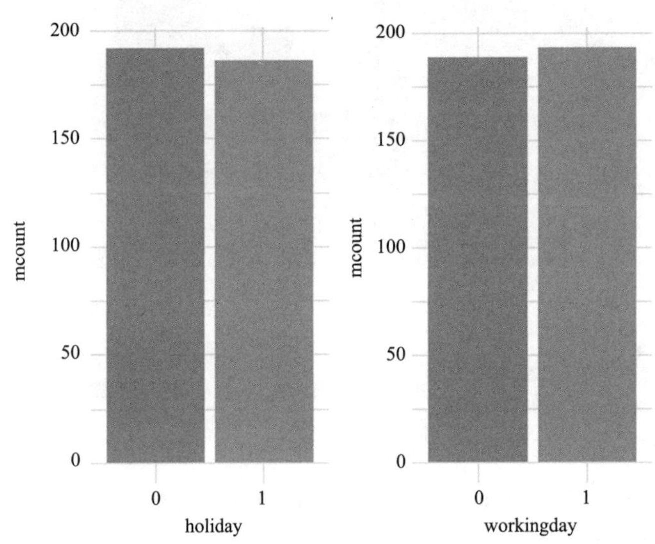

图 8-2 华盛顿共享单车假期（左图）和工作日（右图）平均租车频次（y 轴）

8.5 柱状和扇形图在数据分析中的运用

折线图、条形图、柱状图和扇形图也是数据分析师们日常工作中最常使用的展现数据的图形样式。

探索共享单车数据集可通过 season 变量内不同季节每小时租车次数的对比，来寻求不同季节租赁共享单车的每小时租车次数差异。对比是一种重要的数据思维和 R 编程思维。可视化代码如下：

```
  > p2 <- bike %>%
group_by(season) %>%
summarise(mcount = mean(count)) %>%
ggplot(aes(x = reorder(season, mcount), y = mcount, fill = season)) +
geom_bar(stat = 'identity') +
labs(x = 'senson', y = 'mcount') +
```

```
guides(fill = 'none') +
theme_minimal()
  > p3 <- bike %>%
group_by(season) %>%
summarise(mcount = mean(count)) %>%
ggplot(aes(x = reorder(season, mcount), y = mcount, fill = season)) +
geom_bar(stat = 'identity', width = 1) +
coord_polar(theta = "y") +
labs(x = 'senson', y = 'mcount') +
guides(fill = 'none') +
theme_minimal()
  > multiplot(p2, p3, cols = 2)
```

代码运行结果如图 8-3 所示。

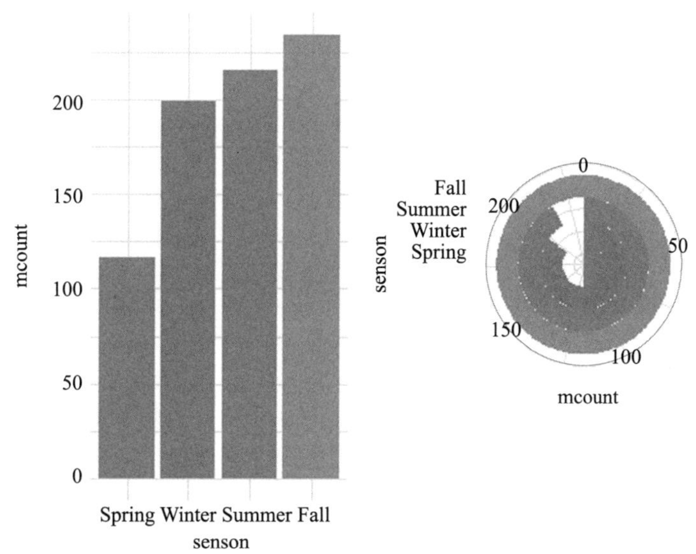

图 8-3　华盛顿共享单车各季度（x 轴）的租赁次数（y 轴）在不同可视化形式中的呈现

图 8-3 中所示的两种方式传达的意义是一样的，笔者使用两种绘图方式，是为了方便大家对比这两种图，并且学会这两种图的绘制方式。之所以采用不同的可视化图形，是因为不同图形对于不同类型的数据展示会有很大的差异，读者需要根据自己的实际需求，探索最合适的图形来展示数据，才能最大化数据分析的价值。根据图 8-3 不难得出：春天每小时平均租车次数最少，大概 115 次；秋天每小时平均租车次数最多，几乎比春天多了一倍，达到了 230 次左右。

在下面的代码中，笔者将可视化变量更改为天气情况（weather），使用相同的可视化方式，即条形图和极坐标图（如图 8-4 所示），来展现不同天气的平均租车频次。

```
  > p5 <- bike %>%
group_by(weather) %>%
summarise(mcount = mean(count)) %>%
ggplot(aes(x = reorder(weather, mcount), y = mcount, fill = weather)) +
geom_bar(stat = 'identity') +
labs(x = 'weather') +
guides(fill = 'none') +
theme_minimal()
  > p6 <- bike %>%
group_by(weather) %>%
summarise(mcount = mean(count)) %>%
ggplot(aes(x = reorder(weather, mcount), y = mcount, fill = weather)) +
geom_bar(stat = 'identity', width = 1) +
coord_polar(theta = "y") +
labs(x = 'senson', y = 'mcount') +
guides(fill = 'none') +
theme_minimal()
  > multiplot(p5, p6, cols = 2)
```

代码运行结果如图 8-4 所示。

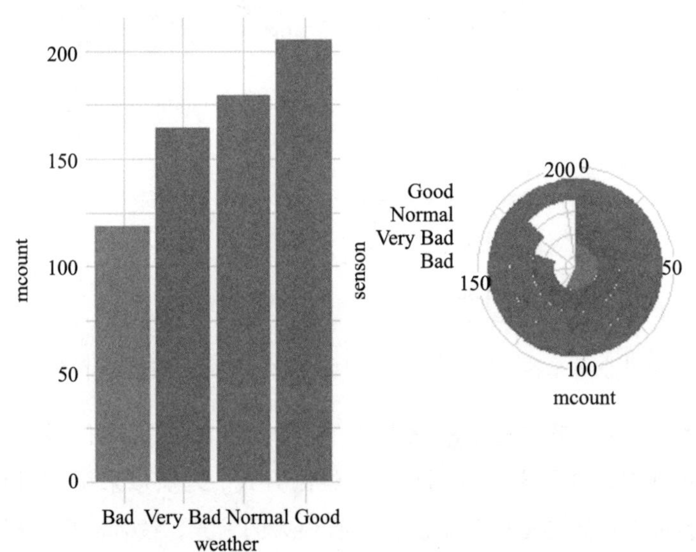

图 8-4　柱状图（左）和极坐标图（右）呈现美国华盛顿共享单车在不同天气情况下的平均租车频次

根据条形图和极坐标图可以看出：好天气（Good）情况下每小时的平均租车频次最多，超过了 200 次；最低的就是坏（Bad）天气时，平均租车频次大概是 120 次。细心的读者肯定会发现，非常恶劣（Very Bad）的天气居然高于坏（Bad）天气的平均租车频次，对这个结果大家会感到出乎意料。这个是由于数据量过少导致的，因为只有一个非常恶劣（Very Bad）天气的样本。

8.6　折线图在数据分析中的运用

折线图在数据分析领域常常用来观察数据的趋势。但凡需要查看数据的趋势，必然会想到运用折线图来分析数据。折线图在此处的运用是为了查看在不同的时段各个季节的租赁次数的趋势。示例代码具体如下：

```
> bike %>%
group_by(season, hour) %>%
summarise(mcount = mean(count)) %>%
ggplot(aes(x = hour, y = mcount,group season,shape=season, colour = season,
    linetype=season)) +
geom_line() +
theme_bw() +
geom_point()
```

可视化结果如图 8-5 所示。

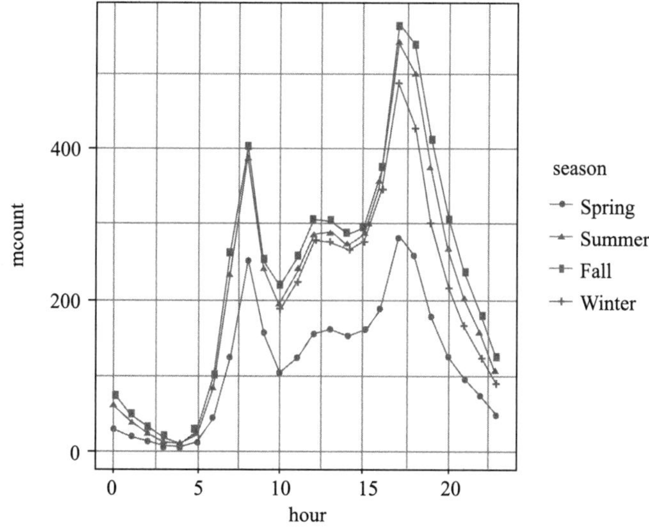

图 8-5　华盛顿共享单车 24 小时内（x 轴）在不同季节中（图例颜色）租赁情况（y 轴）折线图的呈现方式

如图 8-5 所示的折线图可以完美地展示出不同季节内不同时间段的平均租车频次，生动形象，以后大家遇到类似的探索分析问题，也可以尝试使用这种绘图方式来传达信息。

按照 8.5 节中相同的逻辑，将变量更改为天气情况，以相同的折线图可视化该变量，可视化结果如图 8-6 所示。实现代码具体如下：

```
> bike %>%
group_by(weather, hour) %>%
summarise(mcount = mean(count)) %>%
ggplot(aes(x = hour, y = mcount,group=weather,shape=weather colour = weather,
    linetype=weather)) +
geom_line() +
theme_bw() +
geom_point()
```

代码运行结果如图 8-6 所示。

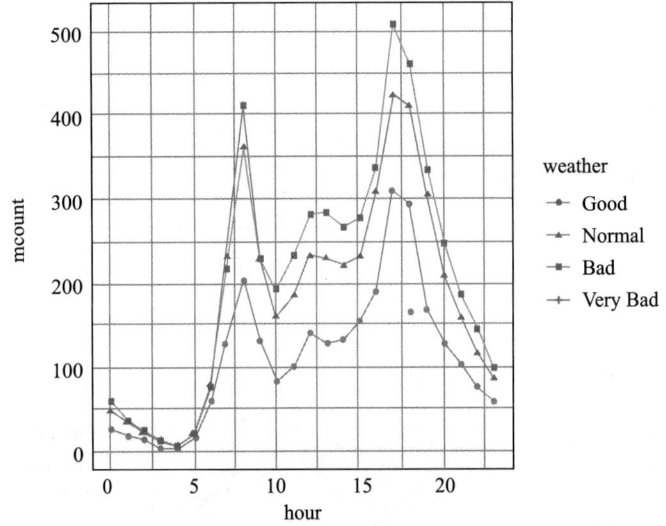

图 8-6 华盛顿共享单车 24 小时内（x 轴）在不同天气情况（图例颜色）下租赁情况（y 轴）折线图的呈现方式

首先可以看到，图 8-6 中非常恶劣（Very Bad）天气的样本点只有一个。也就是说，两年的记录内一共只发生了一次在特别恶劣的天气中租车的事件，通过对样本的查看，可以发现其发生在 2012 年 1 月 9 号的下午 18～19 点之间。也就是说在这个非常恶劣的天气的下班时间，有一个上班族“被逼无奈”骑着共享单车回的家。在图 8-6 所示的折线图中，其同样是简单直接地展示了不同天气下不同时间段的平均租车频次。总而言之，天气好的时候大家才可能骑共享单车去自己想要去的地方。

探索假期和工作日不同时间段的平均租车频次，可视化结果如图 8-7 所示，实现代码具体如下：

```
> bike %>%
group_by(holiday, hour) %>%
summarise(mcount = mean(count)) %>%
mutate(Holiday=as, factor(holiday))%>%
ggplot(aes(x = hour, y = mcount, group=Holiday, shape = Holiday)) +
geom_line()) +
geom_point() +
theme_bw()
```

代码运行结果如图 8-7 所示。

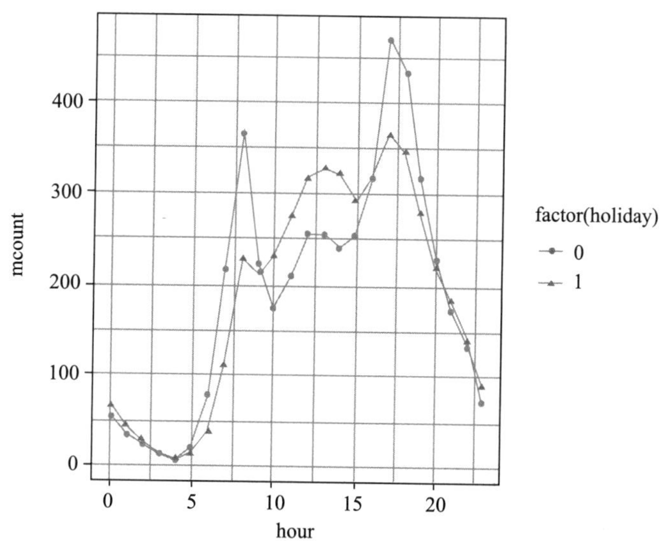

图 8-7　华盛顿共享单车 24 小时内（x 轴）在假期（图例标识 1）和工作日（图例标识 0）中租赁情况（y 轴）折线图的呈现方式

从图 8-7 所示的折线图中我们可以发现，假期（1）时的租车高峰时间在 13 点左右和 18 点左右，8 点左右的租车频次降低了不少。非假期（0）时的租车高峰期就是 8 点左右和 18 点左右，即上班族的上下班高峰期。

8.7　相关系数图综合分析

探索几个连续性变量与租车频次的相关系数、变量之间的相关性分析一般会运用在建模上。大多数情况下，相关系数分析的结果都可以帮助用户确认下一步的分析方向。

图 8-8 中展示了华盛顿共享单车数据集中各个变量之间的相关性。相关系数计算使用 baseR 中的 cor 函数，可视化使用 corrplot.mixed。需要注意的是，当变量数和观测值较多时，cor 函数的运算速度会变慢。示例代码具体如下：

```
  > cor(bike[,c(6:9, 10)]) %>%
corrplot.mixed()
```

运行结果如图 8-8 所示。

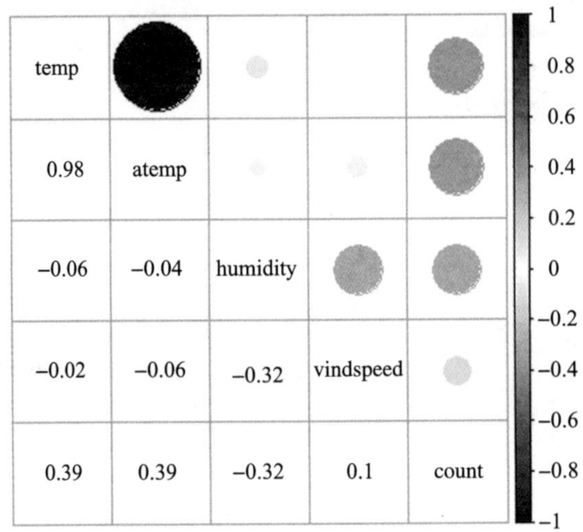

图 8-8 华盛顿共享单车数据集中各个变量之间的相关性

在图 8-8 所示的这个相关系数图中，笔者发现 temp 和 atemp 的相关系数达到了惊人的 0.98，这种结果多半需要引起用户的注意。经过简单的调查不难发现，温度（temp）是由“a”温度（atemp）经过某种变换得到的。其次就是查看图 8-8 的最后一行，频次（count）与温度（temp/atemp）呈较弱的正相关，与湿度（humidity）呈现较弱的负相关，与风速（windspeed）几乎不相关。这也不难理解，这些连续性自变量就是有关温度、湿度和风速的数值，相对来说不会对租车频次产生较大的影响，除非是极端的温度、湿度和风速。描述性分析主要是通过将数据可视化，利用图形描述各个变量之间的关系。相对纯数字形式的数据，可视化后的数据更利于人类发现和理解其中模式，读者可以多尝试使用图形来传达数据中隐藏的信息。

第 9 章
星巴克商业案例分析

9.1 案例背景介绍及变量介绍

1. 背景介绍

星巴克，诞生于美国西雅图，靠咖啡豆起家，自 1971 年正式成立以来，在近 20 年的时间里一跃成为巨型连锁咖啡集团，其飞速发展的传奇让全球瞩目。本章将展示如何使用 ggplot 绘制静态条形图，借助可视化的数据图形，来探索每个国家星巴克店铺的个数及其在各个国家的分布。为了增加一些趣味性，笔者在后半部分对比了英国和美国城市中星巴克店面的数量。

2. 数据集变量介绍

本章笔者只是引用了星巴克数据集中的几个变量来进行分析，但是，在现实环境中，一个表数据通常是包含了几十个变量，并且数据分析师面对的经常是几百张表与几十个业务指标的分析需求。将复杂的实际问题简化成容易理解的小模块，然后对不同种类的小模块进行消化理解，是学习统计分析语言较为常见的一种方法。笔者使用 Kaggle 当中的这份数据也是为了能够简化实际生活中的问题，在不脱离实际情况的同时，帮助读者感受使用 R 语言进行数据分析的乐趣。表 9-1 列出了该数据集中的变量名称及中文释义。

表 9-1　星巴克数据集中的变量名称及中英文对照

变量名称	变量含义
Brand	品牌
Store Number	店铺编号
City	城市

（续）

变量名称	变量含义
Country	国家
Longitude	店铺经度
Latitude	店铺纬度

9.2 数据描述性统计量分析

1. 导入所需程序包

下列的5个R包中包含了读者已经熟悉的数据处理包：tidyverse和data.table。countrycode包是一个比较特殊的工具包，其包含了将不同国家名称标准化的工具，countrycode在特定的分析领域应用较多，并非读者必须掌握的R包。plotly和leaflet同为可视化包，其中plotly内的很多函数都可以与ggplot2包完美兼容以制作时下流行的互动可视化产品。plotly包以其简单易上手的优势，目前在国外有很多成功的商业应用，感兴趣的读者可以搜索其网站，来寻找各种流行的数据可视化灵感。leaflet包是基于JaveScript的数据可视化工具，其最大特点是简化了绘制交互式面量图的过程，地理信息是当前相对流行地理信息可视化工具之一，互动可视化部分无法在书中呈现，因此本节不会进行leaflet部分的代码演示。

导入的5个R包具体如下：

```
> library(tidyverse)
> library(data.table)
> library(countrycode)
> library(plotly)
> library(leaflet)
```

2. 导入数据

依照惯例，使用fread函数读取相对路径中的原始数据，并保存为starbucks，然后调用str函数对数据集进行初步检视。实现代码具体如下：

```
> starbucks <- fread('./directory.csv')
> str(starbucks)
Classes 'data.table' and 'data.frame':  25600 obs. of  13 variables:
$ Brand          : chr  "Starbucks" "Starbucks" "Starbucks" "Starbucks" ...
$ Store Number   : chr  "47370-257954" "22331-212325" "47089-256771" "22126-
```

```
   218024" ...
$ Store Name     : chr  "Meritxell, 96" "Ajman Drive Thru" "Dana Mall" "Twofour
   54" ...
$ Ownership Type: chr  "Licensed" "Licensed" "Licensed" "Licensed" ...
$ Street Address: chr  "Av. Meritxell, 96" "1 Street 69, Al Jarf" "Sheikh
   Khalifa Bin Zayed St." "Al Salam Street" ...
$ City           : chr  "Andorra la Vella" "Ajman" "Ajman" "Abu Dhabi" ...
$ State/Province: chr  "7" "AJ" "AJ" "AZ" ...
$ Country        : chr  "AD" "AE" "AE" "AE" ...
$ Postcode       : chr  "AD500" "" "" "" ...
$ Phone Number   : chr  "376818720" "" "" "" ...
$ Timezone       : chr  "GMT+1:00 Europe/Andorra" "GMT+04:00 Asia/Dubai" "GMT+
   04:00 Asia/Dubai" "GMT+04:00 Asia/Dubai" ...
$ Longitude      : num  1.53 55.47 55.47 54.38 54.54 ...
$ Latitude       : num  42.5 25.4 25.4 24.5 24.5 ...
- attr(*, ".internal.selfref")=<externalptr>
```

3. 数据清洗

下面的示例代码中，str 和 summary 函数分别用来对数据集的结构和主要描述性统计量进行探索，从而发现了数据的变量名不规范的问题。然后使用 make.names 函数对变量名进行规范化，尽管笔者的处理分析并没有用到这些规范后的变量名，但类似的数据清理函数读者需要做到心中有数。实现代码具体如下：

```
> names(starbucks)
 [1] "Brand"           "Store Number"    "Store Name"      "Ownership Type"
 [5] "Street Address" "City"            "State/Province" "Country"
 [9] "Postcode"        "Phone Number"    "Timezone"        "Longitude"
[13] "Latitude"
> colnames(starbucks) <- make.names(colnames(starbucks))
> names(starbucks)
 [1] "Brand"           "Store.Number"    "Store.Name"      "Ownership.Type"
 [5] "Street.Address" "City"            "State.Province" "Country"
 [9] "Postcode"        "Phone.Number"    "Timezone"        "Longitude"
[13] "Latitude"
```

9.3 数据统计分析

1. 统计各个国家星巴克店铺数

以下代码中，笔者使用了管道函数对数据进行传递；代码的含义可以概括为统计 starbucks 数据集中 Country 列中每个特征值的个数，并且进行降序排列。按照代码行序可以依次解释为如下内容。

1）group_by 函数的目的就是为了分组，一般会结合聚合函数进行使用。

2）summarise 函数的目的是放入聚合函数，summarise(Counts = n())。这里我们使用的是 summarise 函数，并代入 n() 函数求和。然后对分组聚合后的值命名列名，此代码处命名的列名为 Counts。arrange 函数以新增列 Counts 的大小为依据进行了降序排列。

3）最后调用 head 函数查看 sta_count。

示例代码具体如下：

```
    > sta_count <- starbucks %>%
group_by(Country) %>%
summarise(Counts = n()) %>%
arrange(desc(Counts))
    > head(sta_count)
```

查看结果如表 9-2 所示。

表 9-2 星巴克咖啡店数量排名前 6 的国家

Country	Counts
US	13608
CN	2734
CA	1468
JP	1237
KR	993
GB	901

在编写代码的过程中，读者可在每写一步之后，将结果在 Rstudio 上进行输出。这样便于理解代码的执行过程，对每个函数来说也非常有帮助。熟悉各个 R 包的函数方法之后，即可对可复用的代码进行封装，封装成功之后，即可方便地对重复需求的代码进行反复使用，以提高编程效率。

2. 统计每个国家店铺数量的占比

在进行数据处理分析的过程中，应注意尽量多以百分比的形式对数据进行处理。百分比可以方便客户（可能是本公司或客户公司的产品线经理、CEO 等）以最有效率的方式对比数据、判断数据，从而帮助其判断公司经营在商业市场中的处境。

笔者下面将计算星巴克店铺数量排名前 5 的国家，及其在全球各有店铺的国家当中的占比。下面的代码演示部分解释如下。

1）使用 round 函数对店铺数量进行百分比计算，并对结果进行处理。round 函数的用法与其同名函数在 Excel 或 Python 中是一致的，第一个参数为数值表达式，第二个参数则用于设置四舍五入值。在计算 sta_count 结果集中各个国家店铺数对店铺总数的占比过程中，涉及两个知识点，第一个是用“$”选择列，sum 函数求和。最后再将 sta_count$Counts / sum(sta_count$Counts) * 100 作为 round 函数的第一个函数，此处的代码也说明了一点，函数可以调用函数。在实际的生产环境当中，数据分析师不仅可以调用 R 封装好的函数，还需要根据业务需求编写自定义功能性函数。编写 R 代码与其他编程语言同理，都是希望代码可以将常用性的需求封装成可反复使用的函数，以提高生产效率。

2）对结算后的这组向量进行重命名，并使用 transform 函数将该列加入到 sta_count 数据集中，transform 函数方便重塑列，重塑列的方法有很多，这里我们只是展示了 transform 方法。读者当然也可以选择使用更加方便的函数，例如，dplyr 包中的 mutate 或 data.table 包中的“：=”函数。这里只是希望展示给读者同一任务的不同种处理方式。paste0 函数在此处的功能为对两个字符串进行拼接。

3）接下来的三行代码是使用 countrycode 包中的信息来对 ststa_count 数据集中的国家名进行标准化。需要读者特别注意的是函数 match，合理地使用该函数可以极大地提高数据处理的准确性。

4）最后通过 head 函数来展示处理结果。从表 9-3 中很明显可以看出有超过 50% 的星巴克店面是位于美国。

实现代码具体如下：

```
> percent <- round(sta_count$Counts / sum(sta_count$Counts) * 100, 2)
> sta_count <- transform(sta_count, Percent = paste0(percent, '%'))
> data(codelist)
> names(sta_count)[1] <- 'iso2'
> sta_count$Country_name  <-  codelist[match(sta_count$iso2,codelist$iso2c),
    "country.name.en"]
> head(sta_count)
```

代码运行结果如表 9-3 所示。

表 9-3　星巴克咖啡店铺数量在 6 个国家中的占比

iso2	Counts	Percent	Country_name
US	13608	53.16%	美国
CN	2734	10.68%	中国

（续）

iso2	Counts	Percent	Country_name
CA	1468	5.73%	加拿大
JP	1237	4.83%	日本
KR	993	3.88%	韩国
GB	901	3.52%	英国

3. 统计美国星巴克店铺个数排名前 5 的城市

在代码演示部分，读者会发现，对数据进行汇总计算时，代码中大量运用了第 3 章 dplyr 包中所讲的管道函数（%>%）、group_by、summarise 和 arrange 等函数。依次运用这些函数可以快速地帮助读者建立起基本的数据分析逻辑。下面的代码可依次解释为如下内容。

1）第 1 步使用 data.table 设置 i 部分，按照行来筛选数据。

2）第 2 步结合了 tidyverse 包中的一些经典函数来对筛选后的数据集进行简单的汇总，并获取店面数量排名前 5 位的城市组成新的数据集 top5_us。在这里读者可以注意到，函数 top_n 会对数字型数据进行自动抽取，并告知用户抽取的变量名称。

实现代码具体如下：

```
  > sta_us <- starbucks[Country == 'US', ]
  > top5_us <-  sta_us %>%
group_by(City) %>%
summarise(Counts = n()) %>%
arrange(desc(Counts)) %>%
top_n(5)
  ## Selecting by Counts
```

因为数据集中所有的城市名都是英文，这里为方便读者理解，笔者使用了一个小技巧来将城市名称替换为中文。下列代码可依次解读为如下内容。

1）创建美国星巴克店铺数量排名前 5 的城市的中文名称向量，保存为 city_names。顺序需要与数据集中的排名一致，所以笔者参考了数据集中的排名结果，此处未展示。

2）使用 setNames 函数对 city_names 进行命名，命名来源于数据集 top5_us 中的城市名称。

3）使用“[”将 top5_us 中的英文城市名用中文名称进行替换。

4）使用 ggplot2 进行数据可视化。从图 9-1 中，读者不难看出星巴克在纽约拥有 200 家以上的店铺。

实现代码具体如下：

```
> city_names <- c("纽约", "芝加哥", "拉斯维加斯", "西雅图", "休斯敦")
> rename <- setNames( city_names, top5_us$City)
> top5_us$City <- rename[top5_us$City]
> ggplot(top5_us, aes(x = reorder(City, Counts), y = Counts, fill = City))+
geom_bar(stat = 'identity')+
labs(x = ' ', y = '店面数量')+
theme_minimal()+
guides(fill = 'none')+
coord_flip()
```

代码运行结果如图 9-1 所示。

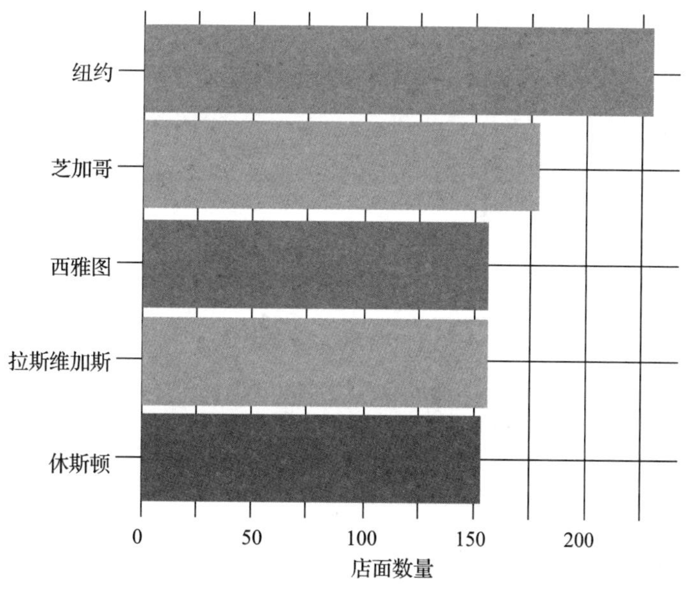

图 9-1　美国星巴克店面数量排名前 5 的城市

4. 统计英国星巴克店铺个数排名前 5 的城市

本例将使用与上例中完全一致的逻辑和函数，对英国星巴克排名前 5 的城市进行统计绘图。代码中唯一的不同点在于 ggplot 函数被置于数据集及管道函数的下方，这种使用方式也是为了增强代码的逻辑性。实现代码具体如下：

```
> sta_us <- starbucks[Country == 'GB', ]
> top5_uk <-   sta_gb %>%
group_by(City) %>%
summarise(Counts = n()) %>%
arrange(desc(Counts)) %>%
top_n(5)
## Selecting by Counts
> city_names <- c("伦敦", "曼彻斯特", "爱丁堡", "伯明翰", "格拉斯哥")
> rename <- setNames( city_names, top5_uk$City)
> top5_uk$City <- rename[top5_uk$City]
> top5_uk %>%
ggplot(aes(x = reorder(City, Counts), y = Counts, fill = City)) +
geom_bar(stat = 'identity') +
labs(x = ' ', y = '店面数量') +
theme_minimal()+
guides(fill = 'none')+
coord_flip()
```

代码运行结果如图 9-2 所示。

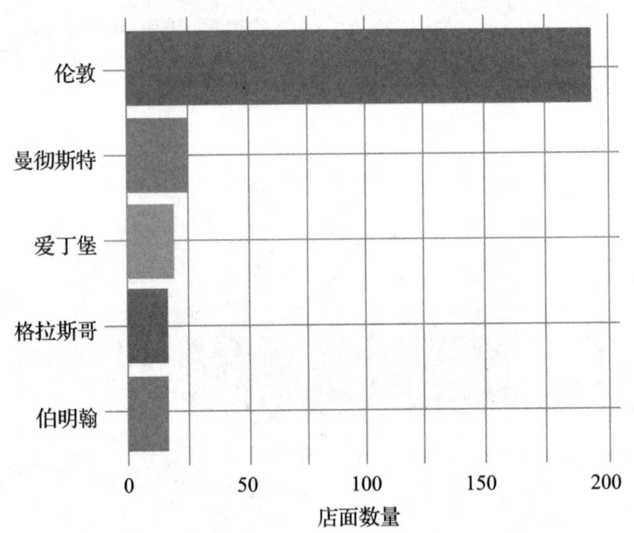

图 9-2　英国星巴克店面数量排名前 5 的城市

数据可视化能够帮助笔者初步了解到，在美国，也就是星巴克的大本营，其店铺在各个城市中的分布并不是一城独大的。但是在英国的情形便大不相同。其在英国伦敦的店铺数量遥遥领先于在英国店铺数量排第二名城市的数量，并且其余城市的店铺数量占比也非常小。

通过上文对美国和英国两个国家城市的星巴克数量的统计，读者能够更加直观地看到这两个国家中拥有星巴克数量排名前 5 的城市了，同时通过各自的“*_city_count”可以看到各个城市对应的星巴克店铺的数量。本章主要是对星巴克店铺的数量和分布进行探索，读者可以举一反三，自行探索其他变量，以加深理解。

分析星巴克店铺数据属于入门级使用 R 进行数据探索的过程，实际的生产环境需要根据商业需求，编写自定义功能函数来解决数据的清洗和处理问题。实际的业务需求还会有更复杂的业务指标，例如金融行业贷前、贷中和贷后各个环节的业务指标。

同时，在数据分析的过程中，经常会用到的工具并不仅限于 R 一种，还会包含 Python、SQL 及 tableau。所以，大家如果希望做一名数据科学家，那么对工具的掌握应该是多方面的。并且，在学习一门新工具的起步或进阶阶段，工具的官方文档中的内容一般都是最为详细简洁的。对于一些其他的解决编程问题的网站，比如 stackoverflow 当中的优秀问题回答者的代码，各位读者也可以将其整理成自己的 Markdown 代码集，作为工作中运用的代码池。

第 10 章

学生成绩水平分析

10.1 数据集

1. 案例数据集背景介绍

笔者从 Kaggle 数据科学竞赛平台社区选择学生成绩水平分析数据集来进行本章的代码演示。之所以选择该数据集，是因为每位读者都真实经历过上学读书这样的生活场景，若有场景的带入感则可以更好地引导读者实践 R 语言。每位读者因此可以更深刻地认识到 R 语言这门强大的数据科学语言的实际作用。编程并不是仅仅只是在 IDE 中写代码，而是为了解决实际的商业问题，所以本章通过简单的案例演示，希望读者能够建立起一套用数据分析来解决实际问题的逻辑。

该数据集是从学习管理系统 Kalboard 360 中提取出来的一份教育数据集。Kalboard 360 是一种能够同时并联多个代理的教育管理系统。这个系统可以通过网络，让用户实时地接入最新的教育资源。这里所用到的数据是用一个活动追踪器记录得来的。表 10-1 介绍了数据集中的变量及中文解释。

表 10-1　学生成绩水平数据集变量中英文对照

变量名称	变量含义
Class	学生成绩水平
gender	学生性别
Nationality	学生国籍
PlaceofBirth	学生出生地
StageID	学生教育程度

（续）

变量名称	变量含义
GradeID	学生年级
SectionID	学生教室
Topic	课程主题
Semester	学期
Relation	学生负责人
raisedhands	学生在课堂上的举手次数
VisITedResources	学生访问课程内容的次数
AnnouncementsView	学生查看新公告的次数
Discussion	学生参与讨论的次数
ParentAnsweringSurvey	家长是否回答了调查问卷
ParentschoolSatisfaction	家长对学校是否满意
StudentAbsenceDays	学生的逃课天数

2. 读入数据

首先导入数据处理及分析所需的 R 包，本章的案例会着重使用 tidyverse 包中的工具。Rmisc 包在特定场景中也是非常有用的 R 包，该包中的 multiplot 函数可以将不同的可视化结果组装成一个 R 对象，以方便用户进行对比报告。另外，Rmisc 包中类似 CI 或 STDERR 这样的函数可以方便快捷地帮助用户计算置信区间和标注误差，适当地使用 Rmisc 包可以提高代码的效率和数据计算的准确性。导入的 R 包具体如下：

```
> library(tidyverse)
> library(Rmisc)
```

读入数据的方法有很多，各位读者可以根据自己的数据源格式使用所需要的函数方法进行数据的读取和加载。笔者引入的学生成绩案例是“.csv”格式，因为该数据集相对较小，因此这里使用 read_csv 函数进行读取。前面的章节中介绍了不同的数据读取方法，读者可以对同一数据集使用不同的函数来进行读取，以方便比较其中差异和优缺点。

将读取后的数据集保存为 edudata 的数据框，之后调用 glimpse 函数查看数据的基本结构。经过初步的检视之后，我们可以明确的是该数据集包含了 480 行观测值和 17 个变量。在 17 个变量中，13 个变量为字符型，4 个变量为数字型。字符型变量中，gender（性别）或 GradeID（学生年级）这类变量在不同的分析任务中可以作为因子水平来分析性别差异或者不同年级学生的表现水平。读者无论只是在练习使用 R 语言或者是在应用 R 语言完成实际分析任务时，对数据集中的变量类型做到心中有数都是非常有必要的。这是因为用户必须掌控数据分析的全局和细节，而非被动地接受分析工具默认的输出结果。第 1 章中推荐读者在使用 baseR 的 read.csv 函数时，将参数 stringAsFactor 设置为 FALSE 也是因为这一点。作为用户，需要时刻注意的一点是，R 语言只是数据分析工具的一种，用户如何使用工具必须由用户根据实际需求来决定，而非任由工具将字符型数据当作因子变量来随意处理。

实现代码具体如下：

```
> edudata <- read_csv("xAPI-Edu-Data.csv")
> glimpse(edudata)
## Observations: 480
## Variables: 17
## $ gender              <chr> "M", "M", "M", "M", "M", "F", "M", "M...
## $ NationalITy         <chr> "KW", "KW", "KW", "KW", "KW", "KW", "...
## $ PlaceofBirth        <chr> "KuwaIT", "KuwaIT", "KuwaIT", "KuwaIT...
## $ StageID             <chr> "lowerlevel", "lowerlevel", "lowerlev...
## $ GradeID             <chr> "G-04", "G-04", "G-04", "G-04", "G-04...
## $ SectionID           <chr> "A", "A", "A", "A", "A", "A", "A", "A...
## $ Topic               <chr> "IT", "IT", "IT", "IT", "IT", "IT", "...
## $ Semester            <chr> "F", "F", "F", "F", "F", "F", "F", "F...
## $ Relation            <chr> "Father", "Father", "Father", "Father...
## $ raisedhands         <int> 15, 20, 10, 30, 40, 42, 35, 50, 12, 7..
## $ VisITedResources    <int> 16, 20, 7, 25, 50, 30, 12, 10, 21, 80...
## $ AnnouncementsVie    <int> 2, 3, 0, 5, 12, 13, 0, 15, 16, 25, 30...
## $ Discussion          <int> 20, 25, 30, 35, 50, 70, 17, 22, 50, 7...
## $ ParentAnsweringSurvey <chr> "Yes", "Yes", "No", "No", "No", "Yes"
## $ ParentschoolSatisfaction <chr> "Good", "Good", "Bad", "Bad", "Bad"
## $ StudentAbsenceDays <chr> "Under-7", "Under-7", "Above-7", "Abo...
## $ Class               <chr> "M", "M", "L", "L", "M", "M", "L", "M...
```

3. 数据处理

数据处理的流程千变万化，其是对“条条大路通罗马”的完美诠释。读者很容易在数据分析的这一前期准备阶段浪费大量时间而不得要领。因此明确任务目标，预先设计好初步的处理流程，以不变应万变才能高效地完成任务。当然，无论是流程的设计还是分析逻辑的建立都需要不断地实践练习，本书也无法面面俱到地介绍所有可能发生的情况，因此学会根据关键词加百度或谷歌来搜索他人的问题，并通过浏览前人经历过的这些难点来解决自己的问题，是使用开源分析软件必备的技能之一。不过，本章将对比介绍不同函数如何完成比较常见的两类任务，来帮助读者了解常见的数据处理方法和函数。

首先明确任务目标。对数据集的变量名称进行更改或标准化，是比较常见的数据处理任务。在学生成绩数据集中，变量的名称皆为英文，因此本节将变量名称中文化作为演示这一常见问题的任务目标。

其次，明确简单的处理流程。一般情况下，处理变量名称可以遵循这样的流程来进行：查看已有变量名→目标变量名→替换→检查替换结果。在下面的代码演示部分，为了尽可能多地展示不同处理的可能性，有些代码操作会复杂化这一流程，读者不需要费心去完全理解，只需要明确记住，只选择最适合自身情况的方式即可。

明确目标和流程之后，处理过程会变得简单得多。下面的代码可以依次解读为如下内容。

1）使用 colnames 函数提取数据框 edudata 中的变量名，并保存名为 col_names 的向量。单独保存为一组向量的原因是为了方便进行后续的对比。

2）使用 read_excel 函数将含有变量名中文译文的数据读取到工作环境中（workspace），并保存为数据框 col_ translation，将 col_names 参数设置为假是因为 metadata 这个文件中的第一行不包含变量名称。

3）使用最简单粗暴的方式对变量名按照数字顺序进行替换。

4）对比替换结果和 edudata 数据集中的原本的英文名称之后可以发现，通过该方式替换的变量名称驴唇不对马嘴，需要重新替换。这种问题是数据处理过程中比较常见的一种情况，即替换目标与原有目标因为位置不符而导致替换错误。因此使用数字位置进行替换操作是比较危险的方法，所以读者一定要慎重使用此种方式。

实现代码具体如下：

```
> col_names <- colnames(edudata)
> col_translation <- readxl::read_excel("../metadata.xlsx", col_names = FALSE)
> col_translation
## # A tibble: 17 x 2
##   X__1                  X__2
##   <chr>                 <chr>
## 1 Class                 学生成绩水平
## 2 gender                学生性别
## 3 Nationality           学生国籍
## 4 PlaceofBirth          学生出生地
```

```
## 5 StageID                    学生教育程度
## 6 GradeID                    学生年级
## 7 SectionID                  学生教室
## 8 Topic                      课程主题
## 9 Semester                   学期
## 10 Relation                  学生负责人
## 11 raisedhands               学生在课堂上的举手次数
## 12 VisITedResources          学生访问课程内容的次数
## 13 AnnouncementsView         学生查看新公告的次数
## 14 Discussion                学生参与讨论的次数
## 15 ParentAnsweringSurvey     家长是否回答了调查问卷
## 16 ParentschoolSatisfaction  家长对学校是否满意
## 17 StudentAbsenceDays        学生的逃课天数
> col_names <- col_translation$X__2
> col_names
## [1] "学生成绩水平"              "学生性别"
## [3] "学生国籍"                  "学生出生地"
## [5] "学生教育程度"              "学生年级"
## [7] "学生教室"                  "课程主题"
## [9] "学期"                      "学生负责人"
## [11] "学生在课堂上的举手次数"   "学生访问课程内容的次数"
## [13] "学生查看新公告的次数"     "学生参与讨论的次数"
## [15] "家长是否回答了调查问卷"   "家长对学校是否满意"
## [17] "学生的逃课天数"
> colnames(edudata)
## [1] "gender"                    "Nationality"
## [3] "PlaceofBirth"              "StageID"
## [5] "GradeID"                   "SectionID"
## [7] "Topic"                     "Semester"
## [9] "Relation"                  "raisedhands"
## [11] "VisITedResources"         "AnnouncementsView"
## [13] "Discussion"               "ParentAnsweringSurvey"
## [15] "ParentschoolSatisfaction" "StudentAbsenceDays"
## [17] "Class"
```

模拟 Excel 中的 lookup 函数的逻辑可以算得上是一种保险的方式。下面的 for 循环按照 lookup 函数的机制对 col_names 中的英文名称进行了中文化。该 for 循环的主体部分可以解释为如下内容。

1）使用 which 函数在 col_translation$X__1 中寻找与 col_names 中第 i 项一致的字符串位置，将结果保存为 j。

2）事先已知 col_translation 中英文含义对照的顺序是正确的，因此这里使用匹配结果 j 来从 col_translation$X__2 中选择对应的中文变量名称来替换 col_names 中的英文名称。

实现代码具体如下：

```
    > for(i in seq_along(col_names)){
  j <- which(col_names[i] == col_translation$X__1)
  col_names[i] <- col_translation$X__2[j]
}
```

在 for 循环判别机制的部分，笔者使用了 seq_along 函数，而不是 1：length（R 对象）这样的形式来进行设置。这是因为 seq_along 函数在速度和可靠性上比使用 1：n 的方式单独创建一组向量略有优势。更多关于 for 循环的介绍请参见本书的 4.1 节“ for 循环”。

如果觉得 for 循环不符合读者的个性，那么 dplyr 包中的 left/right_join 函数同样可以实现类似于 lookup 函数的功能。需要注意的是，这两个函数所处理的对象为数据框，因此下面的代码可以解释为如下内容。

1）先将变量名称数据框化，as_data_frame 函数会将字符串向量转变成数据框格式，并以 value 命名新列。

2）然后调用 left_join 函数，将 col_translation 按照参数 by 中的指定键合并到一起。结果中并没有出现 col_translation 中的 X__1 列，因为在指定 by 参数时，代码中设置了 "value" = "X__1"，其含义即为按照其对应关系进行合并。

3）按照基本的向量重命名方式对原来的英文名称进行中文替换。

实现代码具体如下：

```
    > col_names <- colnames(edudata) %>%
  as_data_frame()
    > col_names <- col_names %>%
  left_join(col_translation, by = c("value" = "X__1"))
    ## # A tibble: 17 x 2
##    value              X__2
##    <chr>              <chr>
##  1 gender             学生性别
##  2 Nationality        学生国籍
##  3 PlaceofBirth       学生出生地
##  4 StageID            学生教育程度
##  5 GradeID            学生年级
##  6 SectionID          学生教室
```

```
## 7 Topic                       课程主题
## 8 Semester                    学期
## 9 Relation                    学生负责人
## 10 raisedhands                学生在课堂上的举手次数
## 11 VisITedResources           学生访问课程内容的次数
## 12 AnnouncementsView          学生查看新公告的次数
## 13 Discussion                 学生参与讨论的次数
## 14 ParentAnsweringSurvey      家长是否回答了调查问卷
## 15 ParentschoolSatisfaction   家长对学校是否满意
## 16 StudentAbsenceDays         学生的逃课天数
## 17 Class                      学生成绩水平
> colnames(edudata)<- col_names$X__2
```

按照此方式合并完成之后，再进行变量名称的替换可以确保替换结果无误。当数据集的观测值少于 5 位数时，笔者认为 left_join 函数是完成此类任务的最佳选择。

查看变量中去重后的数值可以很快地鉴别出含有默认值的变量，或者其他需要进行变量处理的情况。但是如果使用传统方式（数据集 $ 变量名），那么在变量较多的时候，不但会浪费时间，而且也会使得该步骤枯燥乏味。比较推荐的方式是使用简单的判别函数（is.charater 或 is.numeric）和 sapply 函数来实现。读者可以对全部变量进行去重后的观测值检验，最简单的实现方式为 sapply（edudata，unique）。下面的代码为了演示多一种可能，配合了 if 函数和 is.charater 来对字符串类型的变量进行观测值去重检验。下面的代码即可理解为：对 edudata 数据框中的每一列变量进行类型判定，假如为字符型数据，则对其执行去重（unique 函数）操作。从去重之后的结果中我们可以发现，所有数字型变量都返回为 NULL。实现代码具体如下：

```
> sapply(edudata, function(x){
  if(is.character(x)){
    unique(x)
  }
})
## $gender
## [1] "M" "F"
##
## $NationalITy
##  [1] "KW"          "lebanon"     "Egypt"       "SaudiArabia" "USA"
##  [6] "Jordan"      "venzuela"    "Iran"        "Tunis"       "Morocco"
## [11] "Syria"       "Palestine"   "Iraq"        "Lybia"
##
## $PlaceofBirth
```

```
##  [1] "KuwaIT"       "lebanon"      "Egypt"        "SaudiArabia" "USA"
##  [6] "Jordan"      "venzuela"     "Iran"         "Tunis"        "Morocco"
## [11] "Syria"        "Iraq"         "Palestine"    "Lybia"
##
## $StageID
## [1] "lowerlevel"   "MiddleSchool" "HighSchool"
##
## $GradeID
##  [1] "G-04" "G-07" "G-08" "G-06" "G-05" "G-09" "G-12" "G-11" "G-10" "G-02"
##
## $SectionID
## [1] "A" "B" "C"
##
## $Topic
##  [1] "IT"         "Math"      "Arabic"    "Science"   "English"
##  [6] "Quran"      "Spanish"   "French"    "History"   "Biology"
## [11] "Chemistry" "Geology"
##
## $Semester
## [1] "F" "S"
##
## $Relation
## [1] "Father" "Mum"
##
## $raisedhands
## NULL
##
## $VisITedResources
## NULL
##
## $AnnouncementsView
## NULL
##
## $Discussion
## NULL
##
## $ParentAnsweringSurvey
## [1] "Yes" "No"
##
## $ParentschoolSatisfaction
## [1] "Good" "Bad"
##
## $StudentAbsenceDays
## [1] "Under-7" "Above-7"
##
```

```
## $Class
## [1] "M" "L" "H"
```

tidyverse 系列的另外一种方式，即使用 purrr 包中的 map 函数（第 5 章）。下面的代码中，select_if 来自于 tidyr 包，map 函数来自于 purrr 包，该组合完成了类似于 sapply 一样的任务。区别在于 map 函数可以将自定义函数部分更加简洁地表达出来。具体来说，在 sapply 中，需要使用 function 函数定义（x）来将数据集中的每一列变量传递给自定义函数（大括号内部）；而 map 函数与之对应的设置为“~自定义函数(.)”的方式。读者需要注意的是，map 函数中两个点的含义各不相同，第一个句点代表的是管道函数传递过来的整个数据框，第二个句点代表的是数据框中的任意一列，具体说明请参见第 5 章。

示例代码具体如下：

```
> edudata %>%
select_if(is.character) %>%
map(., ~ unique(.)) %>%
head(n = 3)
## $gender
## [1] "M" "F"
##
## $NationalITy
##  [1] "KW"     "lebanon"     "Egypt"       "SaudiArabia" "USA"
##  [6] "Jordan" "venzuela"    "Iran"        "Tunis"       "Morocco"
## [11] "Syria"       "Palestine"   "Iraq"        "Lybia"
##
## $PlaceofBirth
##  [1] "KuwaIT" "lebanon"     "Egypt"       "SaudiArabia" "USA"
##  [6] "Jordan" "venzuela"    "Iran"        "Tunis"       "Morocco"
## [11] "Syria"  "Iraq"        "Palestine"   "Lybia"
```

简单的数据归集计算往往会揭示出意想不到的结果。下面的代码中，笔者按照性别对该数据集进行了分组计算，可以发现男性学生的数量比女学生数量高出了 75%。这样一组简单的代码可以帮助用户确定第一个数据分析问题，为什么男学生的比例会高于女学生这么多？是因为男学生更喜欢接入数字平台进行学习，还是参与该项目的女学生人数原本就不多，或者更加激进地假设这个学习成绩调查项目中是否存在性别不平等的问题，等等。

实现代码具体如下：

```
> edudata %>%
```

```
  group_by(gender) %>%
  summarise(学生人数 = n())
    ## # A tibble: 2 x 2
##   gender 学生人数
##   <chr>     <int>
## 1 F           175
## 2 M           305
```

10.2 探索性数据分析

1. 柱状图

对于柱状图（barchart），相信各位读者并不陌生。10.1 节的最后提到了性别问题在该案例中可能是一个有趣的影响因子。下面的代码中就来使用性别（gender）作为目标分析变量，使用堆积柱状图来探索性别在不同学生成绩水平中的差异。此处只是简单的频次统计柱状图，可视化代码具体如下：

```
    > edudata %>%
ggplot(aes(Class, fill = gender)) +
    geom_bar(position = 'dodge') +
    labs(x = '成绩水平', y = '学生人数') +
    theme_minimal()
```

图 10-1 中展示了对数据集直接进行可视化的结果，其结果并不尽如人意。横坐标中的英文字母含义模糊，图例中的英文也不会对理解数据有任何的助益。因此，后续有必要进行一些简单的处理和翻译。

进行后续优化的代码依照顺序可依次解释为如下内容。

1）将变量 gender（性别）改为因子型。

2）将变量 Class（学生成绩水平）改为因子型。

3）查看性别的因子水平。

4）使用 levels 函数将性别的因子水平由英文改为中文。

5）查看学生成绩水平的因子水平。

6）使用 levels 函数将学生成绩水平的因子水平由英文改为中文。

7）使用 factor 函数和 levels 函数对学生成绩水平的因子水平进行重新排序，顺序为高、中、低。

8）再次对结果进行可视化，可视化结果如图 10-2 所示。

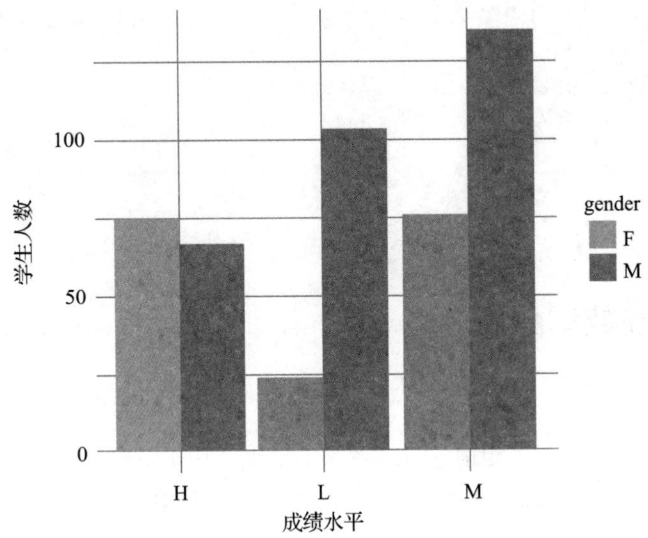

图 10-1 不同性别学生在不同学生成绩水平中的差异

实现代码具体如下：

```
> edudata$gender <- as.factor(edudata$gender)
> edudata$Class <- as.factor(edudata$Class)
> levels(edudata$gender)
> ## [1] "F" "M"
> levels(edudata$gender) <- c("女","男")
>
> levels(edudata$Class)
## [1] "H" "L" "M"
> levels(edudata$Class) <- c("高", "低", "中")
> edudata$Class <- factor(edudata$Class, levels(edudata$Class)[c(1,3,2)] )
> edudata %>%
ggplot(aes(Class, fill = gender)) +
    geom_bar(position = 'dodge') +
    labs(x = '成绩水平', y = '学生人数') +
    theme_minimal()
```

代码运行结果如图 10-2 所示。

由图 10-2 中，我们可以发现成绩水平为高的学生中，女生人数略胜一筹，但在其他成绩水平里，女学生的人数要远远落后于男学生。可视化结果中的图例名称部分仍为英文 gender，这是因为笔者并未对该变量的名称进行重命名，感兴趣的读者可以尝试使用 10.1 节中介绍的变量名称替换方式来将其更改为中文，或者使用 ggplot2 中提供的可视化函数工具来进行更改，详见下文。

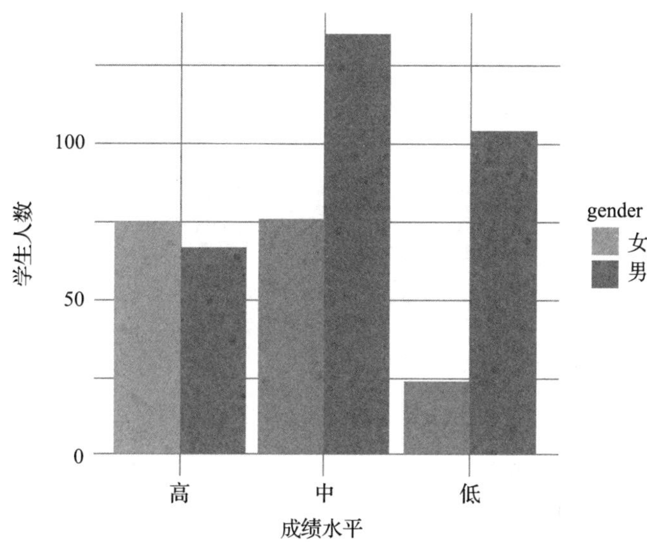

图 10-2 不同性别学生在不同学生成绩水平中的差异——数据清理后的版本

2. 比例图——堆积柱状图百分比版

简单的频次统计对理解数据集中的实际信息帮助有限，另外一种比较常见的可视化图形为比例图形，其机制与柱状图形差别不大，但是比例图会将数据按照其占总数的比例进行百分比展示。这里唯一的区别就是参数 position 由前文的“dodge”变为了“fill”，代码如下：

```
> edudata %>%
ggplot(aes(Class, fill = gender)) +
    geom_bar(position = 'fill') +
  labs(x = '成绩水平', y = '学生人数') +
    theme_minimal()
```

可视化结果如图 10-3 所示。

通常情况下，逃课频次的多少会对成绩的好坏有很大的影响。下面笔者使用比例图探索学生逃课次数与学生成绩水平的关系。由图 10-4 不难看出，成绩水平属于高水平的学生逃课次数几乎都未超过 7 次，整体而言，逃课次数越多，成绩水平越低。

实现代码具体如下，这里的 scale_fill_manual 函数即可以对图例进行更改的工具：

```
> edudata %>%
ggplot(aes(Class, fill = StudentAbsenceDays)) +
geom_bar(position = 'fill') +
labs(x = '成绩水平', y = '学生人数') +
scale_fill_manual(name = "缺席天数", labels = c(">7", "<7"), values = c("blue",
```

```
    "red"))+
  theme_minimal()
```

代码运行结果如图 10-4 所示。

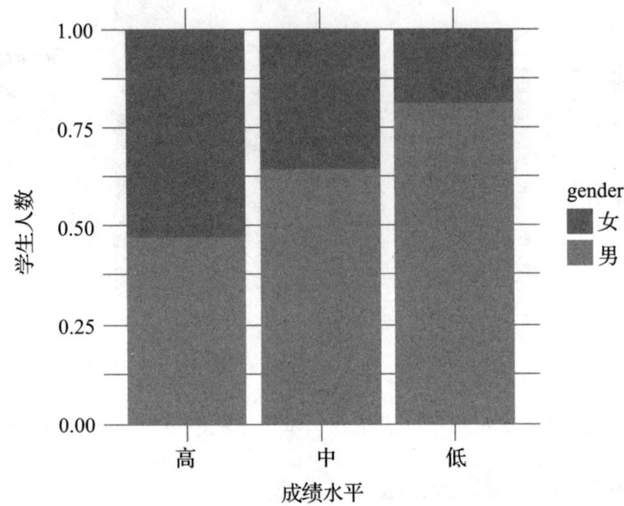

图 10-3　不同性别学生在不同学生成绩水平中的差异——比例图

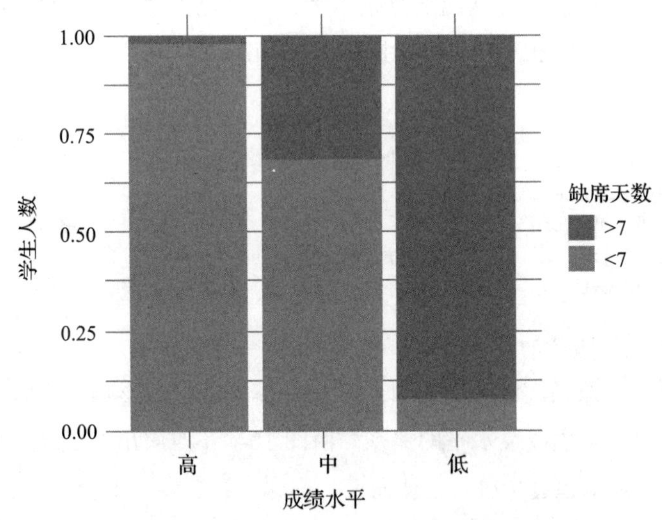

图 10-4　成绩水平与缺席天数的关系

3. 可视化函数封装助力分析

在实际工作中，数据科学家会将常用的代码封装成函数，以供重复性开发功能的使用。函数的封装既能够使得代码更加简洁，又能够提高生产效率。笔者在这里自定义了一个 fun_bar 函数，其中定义了 6 个形参。形参及其含义解释具体如下。

1）data：数据源。

2）xlab：x 轴数据。

3）fillc：填充颜色。

4）pos：柱状图类型的选择，“stack”为堆积，“fill”为填充。

5）xname：x 轴标签文本。

6）yname：y 轴标签文本。

实现代码具体如下：

```
  > fun_bar <- function(data, xlab, fillc, ,pos, xname, yname){
ggplot(data, aes(xlab, fill = fillc))+
    geom_bar(position = pos)+
  labs(x = xname, y = yname)+
    theme_minimal()
}
```

使用时需要指定具体的参数，方法如下：

```
> fun_bar(data = edudata, xlab = edudata$Topic, fillc = edudata$StageID, pos =
     'fill', xname = '成绩水平' , yname = '学生人数')
```

如果读者觉得可视化部分对自身的帮助不大，则不必在意无法理解部分代码的问题。

第 11 章

YouTube 视频观看分析

11.1 案例背景及相关内容介绍

1. 案例背景

笔者从 Kaggle 数据科学竞赛平台社区选择 YouTube 视频观看分析数据集，作为本章的探索案例从进一步讲解 R 数据分析，相信大多数读者都有过从腾讯视频、爱奇艺 App 上观看电影、电视剧的经历，刚好 Kaggle 上有类似的 YouTube 视频网站观看分析的数据集。选择这样一份点击流类型的数据集是因为大多数的数据科学家在工作中处理数据时都会有处理点击流数据的经历。表 11-1 列出了该数据集中的变量名称及中文释义。

表 11-1　YouTube 视频观看分析数据集的变量名称及中文释义

变量名称	变量含义
title	视频标题
Channel_title	频道标题
Category_id	视频类型
views	观看人数
likes	喜欢的人数
dislikes	不喜欢的人数
Comment_count	评论的人数
Trending_date	收集时间
Publish_time	发布时间

2. 数据集读取

本章需要用到的 R 包共三个：here、data.table 和 tidyverse。here 包中只有一个 here 函数是笔者推荐读者了解和使用的，该函数可以快速指出目前的工作路径，其作用类似于控制行命令的 pwd。YouTube 的案例数据集相对较大，因此采用 data.table 包来进行数据的读取，并进行一些简单的处理，然后结合使用 tidyverse 中的部分函数，例如管道函数（%>%）和 select 函数等，来帮助读者进行不同“工具”之间的切换。

导入的 R 包具体如下：

```
> library(here)
> library(data.table)
> library(tidyverse)
```

这里的数据读取代码演示为读者展示了一种可能性，用户在实际操作过程中无须按照如此设置来进行数据读取。tidyverse 包中的工具一般情况下是完美兼容 data.table 格式的数据集的，这是因为 data.table 格式同时也具有 data.frame 属性；但是反之，data.table 包中的函数一般情况下只接受 data.table 格式的数据集，而无法兼容其他格式，包括 data.frame。

在这个案例中，笔者从 Kaggle 平台上一共下载了 3 份数据集，分别为英国（GB）、法国（FR）和加拿大（CA）的数据集。fread 函数可以将数据快速地读取到 R 中，并使用 tail 函数截取数据集中的特定部分。在这里笔者读取的是数据集中的后 200 行的数据，并借助管道函数将截取后的数据进行变量值替换。

实现代码具体如下：

```
  > gb <- tail(fread('GBvideos.csv', encoding = 'UTF-8'), 200) %>%
.[, 'Location':='英国']
  > fr <- tail(fread('FRvideos.csv', encoding = 'UTF-8'), 200) %>%
.[, 'Location':='法国']
  > ca <- tail(fread('CAvideos.csv', encoding = 'UTF-8'), 200) %>%
.[, 'Location':='加拿大']
```

进一步分析之前，需要对这三个相对独立的数据集进行整合。data.tabk 包中介绍的 rbindlist 函数，可以将不同的数据集按照上下对应的方式进行合并。其原理和 4.1.3 节中介绍的 do call（rbind, data）句法一致。在合并之前，需要将数据集先打包成一个 list 的数据结构，然后对合并后的数据进行一些简单的检视，例如，使用 dim 函数查看观测值和变量的总数，将管道函数简单地配合 select 函数来查看数据集的具体情况。因为数据集 videos 还带有 data.table 格式的属性，所以直接将结果输出到 console 内部会与一般的

tibble 或 data.frame 的格式略有不同——三条虚线代表省略中间的部分。实现代码具体如下：

```
> videos <- rbindlist(list(gb, fr, ca))
> dim(videos)
## [1] 424  17
> videos %>%
select(title, Location, likes, dislikes,views)
##        title
## 1:      John Lewis Christmas Ad 2017 - #MozTheMonster
## 2:      Taylor Swift: …Ready for It? (Live) - SNL
## 3:      Eminem - Walk On Water (Audio) ft. Beyoncé
## 4: Goals from Salford City vs Class of 92 and Friends at The Peninsula Stadium!
## 5:      Dashcam captures truck's near miss with child in Norway
## ---
## 420:    The Trump Presidency (11/12/17) Last Week Tonight with John Oliver(HBO)
## 421:    The Original Ramen in Japan - Chuka Soba
## 422:    What They Found Should Rewrite History!
## 423:    7 Second Challenge: KNOCK-OFF DAN & PHIL
## 424:    Post Malone - Rockstar (feat. 21 Savage)
##       Location  likes dislikes    views
##   1:      英国  55681    10247  7224515
##   2:      英国  25561     2294  1053632
##   3:      英国 787420    43420 17158579
##   4:      英国    193       12    27833
##   5:      英国     30        2     9815
##  ---
## 420:    加拿大     33       66    10037
## 421:    加拿大  10217      125   212040
## 422:    加拿大   1895      187   157289
## 423:    加拿大  29389      121   236040
## 424:    加拿大  26947      534  1237072
```

通过初步的检视，读者不难发现，变量 title 中有很多符号，这些符号对分析帮助不大，通常情况下需要先对其进行一些简单的清理。为了简化数据清理的过程，下面的代码演示中，笔者仅选择了必要的变量进行数据清洗。这里笔者用到了第 6 章中的内容，对 data.table 的 j 部分进行设置来选择特定的变量。而后通过更新函数“：=”和 gsub 函数将变量 title 中的非英文单词以空格进行替换。调用 head 函数来确认清洗结果，虽然替换掉了非字符部分，但是空格数量变多了，感兴趣的读者可以尝试设计一个正则表达式来将两个单词之间多余的空格去掉，仅保留一个。另外读者可以自行查阅 stringr 中专门处理类似情况的各种函数。

实现代码具体如下：

```
> videos <- videos[,.(title, Location, likes, dislikes, views)][, title :=
    gsub("\\W", " ", title)]
> head(videos)
##                                                                      title
## 1:                    John Lewis Christmas Ad 2017    MozTheMonster
## 2:                        Taylor Swift   Ready for It   Live   SNL
## 3:                       Eminem   Walk On Water  Audio  ft  Beyoncé
## 4: Goals from Salford City vs Class of 92 and Friends at The Peninsula Stadium
## 5:          Dashcam captures truck s near miss with child in Norway
## 6:                                       How My Relationship Started
##    Location  likes dislikes    views
## 1:     英国  55681    10247  7224515
## 2:     英国  25561     2294  1053632
## 3:     英国 787420    43420 17158579
## 4:     英国    193       12    27833
## 5:     英国     30        2     9815
## 6:     英国  52708     1431  1182775
```

11.2　探索性数据分析

1. 探索视频观看人数

这里大家需要注意的是有重复的视频，并且观看的次数也不相同，现在笔者想留下观看次数最多的 10 个观测，所以需要进行去重处理。下面的演示代码按照顺序可依次解释为如下内容。

1）读取 videos 中的 'title' 和 'views' 两列的数据。

2）按照观看次数降序排列数据集。

3）调用 duplicated 函数进行去重操作；duplicated 函数的去重操作只是针对单一向量，具体来讲，该函数的这种去重方式会自动放弃重复部分的观看次数，而仅截取被定义为不重复的那行观测值。这里为了简化演示，以及让读者了解 duplicated 函数的目的，使用了该函数。如果用户需要将所有重复的视频观看次数叠加在一起，计算真实观看的总次数，则可以考虑使用分组函数 group_by 配合 summarise 函数来实现。

4）调用 head 函数来检视结果。

实现代码具体如下：

```
> arr_views <-
videos[, c('title', 'views')] %>%
arrange(desc(views)) %>%
.[!duplicated(.$title), ] %>%
.[1:100, ]
> head(arr_views)
##                              title
## 1                            Ed Sheeran - Perfect (Official Music Video)
## 4                            Eminem - Walk On Water (Audio) ft. Beyoncé
## 9  Padmavati : Ek Dil Ek Jaan Video Song | Deepika Padukone | Shahid Kapoor
  | Sanjay Leela Bhansali
## 10                                               Harry Styles - Kiwi
## 11      Jennifer Lopez - Amor, Amor, Amor (Official Video) ft. Wisin
## 13                          John Lewis Christmas Ad 2017 - #MozTheMonster
##       views
## 1  33523622
## 4  17158579
## 9  10588371
## 10  9632678
## 11  9548677
## 13  7224515
```

这里的代码中用到了duplicated函数，为帮助读者理解该函数，请参看下面对duplicated函数实现过程的解释。

1）创建演示数据集dat。

2）查看dat。

3）查看重复的数据，返回TRUE或FALSE（TRUE表示该数据与前面的有重复）。

4）提取重复值前面的数据样本。

示例代码具体如下：

```
> dat <- data.frame(x1 = rep(1:3, each = 2), x2 = rep(letters[1:6]))
> dat
##   x1 x2
## 1  1  a
## 2  1  b
## 3  2  c
## 4  2  d
## 5  3  e
## 6  3  f
> duplicated(dat$x1)
## [1] FALSE  TRUE FALSE  TRUE FALSE  TRUE
> dat[!duplicated(dat$x1), ]
```

```
##    x1 x2
## 1  1  a
## 3  2  c
## 5  3  e
```

2. 探索不受欢迎视频

提取 videos 数据集中的“title”列与“dislikes”列，对该数据集进行降序排序，然后进行去重操作。再选取其中排名前 3 位的数据，将提取出来的数据赋值为变量 arr_dislikes。这里的结果将变得有趣起来，观看次数最多的前两名 Perfect 和 Walk On Water 居然位于不喜欢的视频前三甲。可能的假设是因为观看次数过多，所以用户点击不喜欢的比例也会相应升高，不过具体原因还需要经过缜密的逻辑分析才能够具体确定，而统计分析的过程已经超出了本书的讨论范围，所以这里不再过多讨论。但是，读者可以发现，一些简单的数据抽样检查和排序，便有较大概率揭示出一些有趣的分析假设。实现代码具体如下：

```
> arr_dislikes <-
videos[, c('title', 'dislikes')] %>%
arrange(desc(dislikes)) %>%
.[!duplicated(.$title), ] %>%
.[1:3, ]
> arr_dislikes
##                                                                    title
## 1 Jake Paul   Saturday Night  Song  feat  Nick Crompton   Chad Tepper
  Official Music Video
## 2                          Eminem  Walk On Water  Audio  ft  Beyoncé
## 5                          Ed Sheeran   Perfect  Official Music Video
##   dislikes
## 1   167908
## 2    43420
## 5    21082
```

3. 数据计算

第 3 章和第 6 章中关于数据计算的各种函数，相信读者已经有了一定程度的了解，这里为读者介绍 data.table 包中的另一个计算函数：within。within 函数经常用来进行数据重塑的工作。within 函数第一个参数传入的是需要重塑的数据集，这里需要重塑的数据集名为 videos，所以笔者在第一个参数的位置传入 videos。第二个参数是如果需要对多个变量进行数据重塑，则需要在外围加上花括号。数据计算的目标为添加 like 和 dislike 数据占据观看总人数的比例。示例代码具体如下：

```
> videos <- within(videos, {
likes_per = round(likes/views, 4)*100
dislikes_per = round(dislikes/views, 4)*100
})
```

计算完成后，再使用管道函数、select 和它的“小帮手”ends_with 函数来选择刚刚完成的计算变量名，之后再配合 head 函数来查看计算结果的前 3 行。实现代码具体如下：

```
> videos %>%
select(title, ends_with("per") ) %>%
head(3)
##                                          title dislikes_per likes_per
## 1: John Lewis Christmas Ad 2017    MozTheMonster       0.14   0.77
## 2:     Taylor Swift   Ready for It   Live    SNL       0.22   2.43
## 3:    Eminem   Walk On Water  Audio   ft  Beyoncé       0.25   4.59
```

下面的代码探索了喜欢人数占比较多的视频。对 videos 数据集选择其中的 title 和 likes_per 列进行降序排序操作，再按照 title 列进行数据去重，对排序并去重后的数据集进行如下操作。

```
> arr_likes_per <-
videos[, c('title', 'likes_per')] %>%
arrange(desc(likes_per) ) %>%
.[!duplicated(.$title), ] %>%
.[1:5, ]
> arr_likes_per
##                                                       title likes_per
## 1      Fin du Game   FINAL SAISON 3  DerrièreYoutube Ep 6     20.79
## 2 DESSINS ANIME S FRANC AIS VS RUSSES 2   Daniil le Russe     15.80
## 4                                    iPhone X VS iPhone 1     13.88
## 5                  Malika LePen   Femme de Gauche   Trailer     13.77
## 6      FIFA 18   ESWC   LES PAPYS FONT DE LA RéSISTANCE       13.04
```

4. 数据归集计算

下面的代码使用了 dplyr 中的经典函数对案例数据集进行了归集计算，代码按照顺序可依次解释为如下内容。

1）调用 group_by 函数时 video 2 数据框进行分组：

2）管道函数将分组后的数据传递给 summarise 函数进行计算，计算任务为计算组内的样本数量，将样本数量的计算结果赋值给新建列 freq。n() 函数的特殊点在于其不接受任何参数，一旦调用就会携带分组后数据组内的样本数量。

3）降序排列数据集。

4）调用 head 函数检查计算结果。

实现代码具体如下：

```
> videos2 %>%
group_by(category_id, Location) %>%
summarise(freq = n()) %>%
arrange(desc(freq)) %>%
head()
## # A tibble: 6 x 3
## # Groups:   category_id [4]
##   category_id Location  freq
##         <int> <chr>    <int>
## 1          24 加拿大       45
## 2          24 法国         40
## 3          22 加拿大       30
## 4          17 法国         25
## 5          10 英国         23
## 6          22 法国         22

>
```

同样的归集计算函数，计算观看喜欢与被喜欢视频的总数，实现代码具体如下：

```
> videos2 %>%
group_by(category_id) %>%
summarise(c_likes = sum(likes),
          c_dislikes = sum(dislikes)) %>%
arrange(desc(c_likes)) %>%
head(likes_dislikes)
## # A tibble: 6 x 3
##   category_id c_likes c_dislikes
##         <int>   <int>      <int>
## 1          10 5218010     158876
## 2          24 1959272      68566
## 3          23 1912205      54576
## 4          22  839403     190584
## 5          26  567099      37090
## 6          20  490749       8982
```

推荐阅读

电商数据分析
与数据化运营
Data Analysis
and Data Operation
for E-commerce

Python Practice of Data Analysis and Mining
Python数据分析
与挖掘实战

Data Science with Python
Technical Detail and Business Practice
Python数据科学
技术详解与商业实践

Natural Language Processing
Python自然语言处理实战
核心技术与算法

MATLAB Data Analysis and Data Mining
MATLAB数据分析
与挖掘实战

The Art of Game Analytics
游戏数据分析的艺术

R Data Analysis and Data Mining
R语言数据分析
与挖掘实战

Hadoop Practice of Big Data Analysis and Mining
Hadoop大数据分析
与挖掘实战

Python数据分析
与数据化运营